宁夏 木本观果植物应用与研究

Application and research of woody plants with
ornamental fruits in landscape architecture in Ningxia

沈效东　主编

中国林业出版社

图书在版编目（ＣＩＰ）数据

宁夏木本观果植物应用与研究 / 沈效东主编. -- 北
京 : 中国林业出版社, 2019.4

ISBN 978-7-5219-0045-3

Ⅰ.①宁… Ⅱ.①沈… Ⅲ.①观果树木—研究—宁夏
Ⅳ.①S686

中国版本图书馆CIP数据核字(2019)第068492号

责任编辑：贾麦娥
出　　版：中国林业出版社（100009 北京市西城区德内大街刘海胡同7号）
电　　话：010—83143562
发　　行：中国林业出版社
印　　刷：固安县京平诚乾印刷有限公司
版　　次：2019年4月第1版
印　　次：2019年4月第1次
开　　本：787mm×1092mm　1/16
印　　张：8.25
字　　数：120千字
定　　价：78.00元

题金银木——沈效东

满目琳琅透晶莹，串串红果笑盈盈

傲霜斗雪枝头挂，秋实不让春花韵。

宁夏木本观果植物应用与研究

Application and research of woody plants with ornamental fruits in landscape architecture in Ningxia

沈效东 主编

序言

FOREWORD

  宁夏地处我国西北内陆，为典型的大陆性气候，地理面积仅6.6万平方千米，但石质山地、黄土丘陵、戈壁沙漠、河谷川道、黄河冲积平原等地貌多元，特殊的地理环境和气候条件使得宁夏的植物资源十分丰富，是我国西北地区重要的天然种质资源宝库。

  为全面系统地保护和利用观赏植物种质资源，宁夏林业研究所和森淼科技集团的科技人员30多年来坚持不懈地进行了种质资源的调查、搜集、评价及引种育种研究，并依托种苗生物工程国家重点实验室科技平台开展了种质资源库和引种驯化专类园的建设，本次编辑出版的《宁夏木本观果植物应用与研究》一书就是这一系统工程的一项研究成果。

  本书共收录了宁夏野生和引种成功的木本观果植物16个科，33个属，65个种及品种。上篇对65种观果植物的生态习性、重点分布、观赏特性及园林应用进行了详细说明，并附有精美彩图一百余幅，下篇辑录了宁夏木本观果植物资源调查和观赏性分析评价的论文，并附有主要资源的名录。全书内容丰富，图文并茂，既是园林工作者和爱好者的科普读物，也是林业科技工作者的资料书，具有较强的科学性和实用性。

  作为一名老林业科技工作者，在这里，我想特别强调和建议的是，宁夏虽然观赏植物种质资源比较丰富，但在园林绿化中的实际应用却很少，本土资源的开发利用更是少之又少。宁夏有许多遗传品质突出，且具有独特观赏价值的木本观果植物，如兼具观叶、观果、观花、闻香的"桂花柳"——沙枣；花期早、花量大、香气浓郁的"探春"——香荚蒾；枝繁叶茂、花色独特、果实红艳的金银木；叶秀花美、红果晶莹的忍冬、卫矛和枸子；常绿阔叶、黄花亮丽、极耐干旱的沙冬青……这些家珍般的宁夏乡土观赏植物的保护利用，应引起科技、林业部门和园林企业的重视，以期能加快开发利用，使之为生态文明建设增辉添彩。

孙长春

2018年7月3日

金银木

前言

PREFACE

荷尽已无擎雨盖，菊残犹有傲霜枝。一年好景君须记，正是橙黄橘绿时。
——苏轼·赠刘景文（冬景）

　　随着人民生活水平的日益提高，人们对精神生活与环境质量追求的愿望越来越强烈。美丽中国的建设序幕随之徐徐展开，人们对美好生活的向往，对健康生活的需要使得生态文明建设成为人人关注的热点话题，绿色发展、绿色生活的理念逐渐深入人心。宁夏这一方水土，除了"塞上江南"的美誉，曾经总是与大漠、荒凉为舞。谁又曾想到树种单一、景观单调，生态环境脆弱的西北城市，也可以如此这般的由"天下黄河富宁夏"上升到"塞上江南新天府"，其与几代园林人的不懈努力息息相关。

　　1988年开始，我们为丰富西北地区的园林植物种质资源踏上了一条探索之路。20世纪90年代，我们通过不断的引种驯化建立了银川植物园，收集了品种丰富的海棠园、忍冬园等，引进金丝吊蝴蝶、白雪果、树锦鸡儿等稀有品种，其中英蒾、黄刺玫、沙枣、沙棘等野生树种如今已广泛应用于城市园林绿化当中。这些观果植物以其艳丽的色彩、奇特的果形、多样的果序、浓郁的香气、丰硕的果实，补充着秋冬景观，吸引着大众目光，逐渐在园林植物景观中成为主角，也为宁夏秋冬季带来了更多的生机与色彩。正如"荷尽已无擎雨盖，菊残犹有傲霜枝。一年好景君须记，正是橙黄橘绿时"诗中描绘的一般：秋末初冬，花败叶落，但硕果累累的景象却显露勃勃生机，正所谓"秋实不让春花韵"，看过了春花争艳与夏荫浓郁，秋冬的另一番景致却是别样风情。由此，我们将多年科研成果整理特别编写了此书，以诗情画意的文风，以玲珑剔透的实景，供大众品评与欣赏，促进园林景观的发展，从而更好地改善人居环境。

　　本书共收录了观果植物16个科，33个属，65个种及品种，重点介绍了蔷薇科、忍冬科及卫矛科这三个观赏果实较多、观赏性较高、观赏期较长的大科属植物。现阶段，在宁夏地区大量广泛应用的品种有苹果属的海棠类，如西府海棠、北美海棠，忍冬属的金银木及各类忍冬，如鞑靼忍冬、长白忍冬、葱皮忍冬等，枸子属的平枝枸子、水枸子等。它们从形态美、色彩美、味觉美、意境美多层面出发，增添园林的审美效果、审美情趣及审美价值，这也是观果植物其独有的园林景观价值，值得我们继续深入考究，从而为秋冬季较为荒凉的大西北增添处处繁华与惊喜，使情怀与景观并存，满足人们对美好生活的向往。另外，本书还特别收集了观果植物景观评价与忍冬属植物耐盐性专项研究，以利于园林绿化设计与绿化施工单位参考应用。

目录

CONTENTS

上 篇

下 篇

附 表

东风袅袅泛崇光，香雾空蒙月转廊。
只恐夜深花睡去，故烧高烛照红妆。

——苏轼《海棠》

蔷薇科　Rosaceae

　　本科有 4 个亚科，约有 124 个属 3300 余种，广布于全球，我国有 51 属 1000 余种。蔷薇科树种在国内外均有很长的栽培应用历史，具有丰富的树种资源、较宽广的生态适应能力、多样化的观赏特性和深厚的文化内涵。众所周知，蔷薇科的植物大多可观花、观叶、观枝、观干、观姿，并且其果实同样具有很高的观赏价值。蔷薇科植物的果实大多可观至深秋，红黄相映，晶莹剔透，如珠似玉摇曳枝头；又或果实硕大，及至冬季，大雪纷飞，一片银色世界里，而数枚红果仍高挂枝间，为园林冬景增色。

　　本次列入本书的有苹果属、栒子属、山楂属、蔷薇属、稠李属、李属、樱属、花楸属、木瓜属、杏属、梨属共 11 个属，尤以苹果属的各类海棠及栒子属的各类栒子其观果效果最佳，也是园林景观应用中极具潜力的一大类观果植物。

'八棱'海棠

西府海棠 *Malus micromalus*

蔷薇科 Rosaceae　苹果属 *Malus*

别　名：海红、子母海棠、小果海棠

形　态：小乔木，高2.5～5m。花期4～5月，果期8～9月。

园林观赏与设计：

　　西府海棠，树态峭立，树形峭拔，花未开时，含苞涩丹，似胭脂点点，开后则渐变粉红，有如晓天明霞，是海棠中的上品。'八棱'海棠与'红宝石'海棠均为西府海棠中常见的栽培品种。'八棱'海棠，果有八棱，因此得名，枝条细长柔美，花姿明媚动人，果实楚楚有致；'红宝石'海棠，秋天满树红叶、满枝红果，满树紫枝，果实累累，果韵鲜美诱人，粒粒粉玉，蔚为雅致。

　　西府海棠孤植于庭院中，令庭院春意盎然；列植于水边，则犹如佳人照碧池，顾盼有情，尤为赏心悦目；对植门庭两侧，亭台周围，则迎风招展，摇曳生姿；对植于小径两旁，尤其妖媚动人，也为小径增添生趣；如果于道路两旁形成两列，则又添浓郁的气氛，古书有海棠作行道树的记载"二千里地佳山水，无数海棠官道旁"（《过信州》商克恭）。西府海棠如以玉兰作背景树，前植桂花，桂花前点缀数株妖媚的海棠，以牡丹为下木，层次丰富，花期错开，桂花为常绿，可做到四时有景，且文化内涵也丰富，寓意"玉堂富贵"；或加上迎春成为"玉堂富贵春"；若再配上竹子，即形成"玉堂富贵、竹报平安"的吉祥意境。

西府海棠

'八棱'海棠

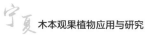

‘道格’海棠

‘凯尔斯’海棠

‘火焰’海棠

‘高原之火’海棠

‘道格’海棠

北美海棠

Malus cv. American
蔷薇科 Rosaceae　　**苹果属** *Malus*

形　态： 落叶小乔木，株高一般在5～7m，果实观赏期6～12月。宁夏常见的北美海棠有‘凯尔斯’海棠*Malus*‘Kelsey’、‘草莓果冻’海棠*Malus*‘Strawberry Parfait’、‘绚丽’海棠*Malus*‘Radiant’、‘印第安魔力’海棠*Malus*‘India Magic’、‘王族’海棠*Malus*‘Royalty’、‘火焰’海棠*Malus*‘Flame’、‘亚当’海棠*Malus*‘Adamsa’等。

园林观赏与设计：

　　北美海棠系列花果艳丽，明艳动人，是不可多得的集观花、观果、观叶、观枝为一体的观赏树种。5～6月间，累累玲珑的小海棠果挂满枝头，在满树绿色叶丛中，点点果实，似隐若现，粒粒珠玑；7月后，海棠果开始变色，红、紫、黄、绿令人垂涎欲滴，并且一直挂果到第二年的春天。‘印第安魔力’的满树浅粉花朵，成团成簇，一片花海，秋季橘红色叶与橙黄色果实相映成趣；‘亚当’的粉色花团、叶浓枝茂、橘红色秋叶、暗酒红色果实，富于变化；‘王族’的半重瓣紫红色大花，远观如朵朵莲花，秋冬季果实红艳；‘凯尔斯’的枝条色彩艳丽，枝姿优美；‘草莓果冻’的金黄色秋叶，暗红色果实，挂满枝头，持续整个冬季。

　　北美海棠的株型、色彩、气味、光影等要素相互结合、相互交融，在开放空间中大面积丛植，可体现海棠的群体美；与风景地形结合，展现竖向姿态之美；沿溪流成片种植，"海棠花溪""海棠果趣"则展现出一种意境之美、休闲之趣。

'绚丽'海棠

'绚丽'海棠

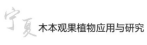

'印第安魔力'海棠

'草莓果冻'海棠

垂丝海棠 *Malus halliana*
蔷薇科 Rosaceae   苹果属 *Malus*

别　名：肠花、思乡草
形　态：落叶小乔木，高5m。花期3～4月，果期9～10月。
园林观赏与设计：

　　"宛转风前不自持，妖娆微傅淡胭脂。花如剪彩层层见，枝似轻丝袅袅垂"（《垂丝海棠》任希夷），垂丝海棠的果，形圆柄长，一绺绺自然垂累，晶莹剔透，犹如玛瑙珠。至秋季果实成熟，红黄相映高悬枝间。每当冬末春初，庭院中有几株挂满红色小果的海棠，不仅为园林冬景增色，同时也为冬季招引小鸟提供上好的饲料。

　　多孤植、丛植于庭院之中，点点果实隐现株丛，在墙角点植三两株，以粉墙为"纸"，山石植物为"绘"，所形成的庭院景致无处不在。若在观花树丛中作主景树种，其下配植春花灌木，其后以常绿树为背景，则绰约多姿，显得漂亮。若在草坪边缘、水边湖畔成片群植，或在公园游步道两侧列植或丛植，亦具特色。

山荆子 *Malus baccata*

蔷薇科 Rosaceae **苹果属** *Malus*

别　名：山定子、林荆子

形　态：落叶小乔木，树高可达4～5m，最高可达10m以上。花期5～6月，果期9～10月。

园林观赏与设计：

　　作为园林景观果树的新宠，树姿优雅娴美，有美丽的球型树冠，果实似水滴，红黄艳丽的果子缀满枝头，鲜艳可人，经久不落。庭院栽植，树形优美，枝繁叶茂，花香果艳；以三五株、七株、九株或是更多，组成一个组团，大小规格不同，种植疏密有致，应用于城市公共绿地中，可起到分割空间的作用；风景区或森林公园大面积栽植，漫山遍野竞相开放，姿色万千争奇斗艳，蔚为壮观。

平枝栒子

Cotoneaster horizontalis
蔷薇科 Rosaceae　栒子属 *Cotoneaster*

别　名：栒刺木、鸡踏梢（甘肃天水）、岩楞子、山头姑娘、平枝灰栒子、矮红子
形　态：为半常绿匍匐灌木，高0.5m以下。果鲜红色，花期5～6月，果期9～10月。

园林观赏与设计：

　　平枝栒子不论是花期还是果期，第一感觉就是密集，春夏之交，红花烂漫，金秋时节红果满枝，在红叶的衬托下，满树红光熠熠，景观十分壮观。平枝栒子枝叶横展，叶小而稠密，花密集枝头，晚秋时叶子红色，结实繁多，果色从绿色到黄色再到鲜红色逐渐转变，红果累累挂满枝头如粒粒红色玛瑙红艳夺目。此外能够经受严冬的考验，在茫茫雪野中依然红艳似火，极为美丽，给人以喜庆、丰收的满足感，鲜红色的小果寓意家庭和和美美，日子红红火火。平枝栒子和假山叠石相伴，在草坪旁、溪水畔点缀，相互映衬，景观绮丽，犹如一幅精美的山水画——"画堂新果红万点，崖上栒子丹若霞"。灿若丹霞，飘似红雨，吸露餐风，尽态极妍。

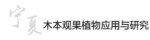

水枸子 *Cotoneaster multiflorus*
蔷薇科 Rosaceae　枸子属 *Cotoneaster*

别　名：枸子木、多花枸子

形　态：落叶灌木，高可达4m左右。果实红色。花期5~6月，果期8~9月。

园林观赏与设计：

　　水枸子夏季白花素雅，秋季红果鲜亮，是花、果俱佳的观赏植物，到了深秋满树艳红，一粒粒红果宛若玛瑙，点缀绿叶之间，营造"梨花一枝春带雨，朱果错缀如紫烟"的素雅景观。

　　水枸子的颜值算是枸子属里相当高的了，当清凉的秋风轻轻吹过，其枝上挂满了累累的鲜红色的果实，红彤彤的样子有点像海棠果，琳琅满目，宛如璀璨的宝石，在明亮的阳光中闪烁着动人的光芒。其果色鲜红，一簇簇的点缀在枝叶间，繁盛而美丽。

西北栒子

Cotoneaster zabelii
蔷薇科 Rosaceae　**栒子属** *Cotoneaster*

形　态：落叶灌木，高约2m。果实鲜红色，花期5～6月，果期8～9月。

园林观赏与设计：

　　西北栒子因其分布区域而命名，优良的观果树种，在西北地区因其适应性而呈现出良好的景观效果，其挂果之后果实红艳密集，颜色会由绿色渐渐变至红色，颇为艳丽，其果叶共衬，在秋季呈现出红果串串，碧叶绛珠，在绿叶映衬下，展现出红装素裹之芳姿，足以使人流连忘返，其挂果时间长达1个月，常用作列植、孤植、道路两旁景观美化。

毛叶水枸子	*Cotoneaster submultiflorus*
	蔷薇科 Rosaceae　**枸子属** *Cotoneaster*

形　态：落叶灌木，高2～4m。果实成熟后呈红色至紫红色。花期5～6月，果期9月。

园林观赏与设计：

　　毛叶水枸子夏季开放密集的白粉色小花，秋季果实累累，成束挂满枝头，是优美的观花、观果树种，常用作列植、孤植。其最大的特点在于果实是自然界秋冬季节的特征，可以突出季相变化，春华秋实的优美意境，使人心情舒畅、精神愉悦，有益于人们的身心健康，尤其是西北地区萧条的秋冬，其挂满红彤彤的果实，为园林增加生机。

稠李 *Padus racemosa*
蔷薇科 Rosaceae　稠李属 *Padus*

形　态：落叶小乔木，高达3～5m。果实成熟后红褐色至紫黑色，花期4～5月，果期6～8月。

园林观赏与设计：

　　"东君早弄稠李芽，郁郁香吹一树花"——在中国园林文化中，在明媚的春天，雪白的稠李花竞相开放，一阵阵浓郁的芳香，沁人心脾，又具有"昨日雪如花，今日花胜雪。春去夏又归，李花傲芳菲"的景象。

　　稠李花白如雪，入秋叶色黄带微红，花谢后结黑色核果，果实色彩变化艳丽，如乌黑发亮的小葡萄般挂于枝头，在阳光的照射下，闪着点点亮光，衬以紫黑果穗，亮晶晶的果实像黑珍珠般透射出诱人的色彩，赏心悦目之余，你会禁不住垂涎欲滴，但是稠李果也有个别名叫"臭李"，其果实可以供人类食用，酸甜可口。紫叶稠李嫩叶鲜绿，老叶紫红，与其他树种搭配，红绿相映成趣。

北美稠李
Padus virginiana
蔷薇科 Rosaceae   稠李属 *Padus*

形　态：落叶乔木，树高可达20～30m。果实紫红色光亮，成熟后紫黑色。花期4～5月，果期7～8月。

园林观赏与设计：

北美稠李其叶美果靓，它自然开张的树形，繁茂的叶片，紫红色的果实，紫红光亮，晶莹可爱。一串串的果实从叶子缝里垂了下来，晶莹透明，像是用水晶和玉石雕刻出来的，又活像颗颗巨大的紫色珍珠，个个水灵灵。

北美稠李作为一种有独特观赏价值的树木，无论是单独自然式散植，还是规则式成片栽植，都能起到丰富景观层次、引导人们视野、分割景观空间及障景的作用。片植或丛植一小片北美稠李突显出清幽高雅，幽而不暗，闹而不喧，心境顿感平和，别有一番情趣。北美稠李嫩叶鲜绿，老叶紫红，与其他树种搭配，更是红绿相映成趣，叶色变化极为丰富。

《吟山楂》

作者\僧人 知一

枝屈狰狞伴日斜，

迎风昂首朴无华，

从容岁月带微笑，

淡泊人生酸果花。

山楂　*Crataegus pinnatifida*
蔷薇科 Rosaceae　**山楂属** *Crataegus*

别　名：山里果、酸里红、酸枣、红果、红果子、山林果

形　态：落叶乔木，高达6m。果深红色，花期5～6月，果期9～10月。

园林观赏与设计：

　　山楂树一年四季美丽芳华，初夏一串串光洁晶莹淡雅的白花，7～8月份，结出了一个又一个小青果，就像一个个没有成熟的孩子，顽皮地在树枝上荡秋千，这就是山楂的幼果。幼果慢慢成熟了，由绿色逐渐变成红色，变成青里透红的"小娃娃"，再变成了淡红色的，最后变成暗红色。10月左右，山楂树上挂满了玛瑙似的红果，红艳甜美，活泼可爱，像一个个红色的小灯笼，悬挂在枝头、枝间，形成红果压枝的景象，圆圆的鲜红欲滴的果实，使人心旷神怡，红扑扑的小皮儿加上白点的衬托，显得更加清新悦目，它活泼欢快，鲜红的色彩赋予人吉祥的寓意。到了冬天，一串串红彤似火的小果，玲珑又夺目，给单调的冬天增添了不少景致。其可栽培作绿篱和观赏树，在园林配置中可孤植、丛植、片植、列植、对植，造景效果良好。

甘肃山楂	*Crataegus kansuensis*
	蔷薇科 Rosaceae　山楂属 *Crataegus*

形　态：灌木或小乔木，高2.5~8m。果红色或橘黄色，花期5月，果期9~12月。

园林观赏与设计：

　　野生甘肃山楂天然分布于甘肃、宁夏、青海、陕西等地。在宁夏西吉县大寨山林场原始次生林中有天然分布，是宁南山区嫁接改良山楂的优良砧木品种。其又名野山楂（青海）、面旦子（陕西）。其树形美观，枝干伸展，果实成熟时鲜红，是庭院园林绿化中优良的观果树种。甘肃山楂果实较常见山楂较小，但色彩艳丽，形状饱满圆润，味道酸甜可口。在秋季，满树红果时时刻刻提醒人们收获季节的到来，而且在大量植物果期已过的情况下，鲜艳的果实给人们带来一股新的活力，红红的果子露出一张张迷人的笑脸，空气中弥漫着一股酸酸甜甜的味道，让人们既可观赏，又可品尝鲜果，达到身心愉悦的休闲效果。其果实经冬不落，由于其果实体大，色彩艳红，冬季观赏性极强。

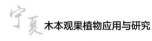

黄刺玫

Rosa xanthina
蔷薇科 Rosaceae   蔷薇属 *Rosa*

形　态：落叶灌木，树高2～3m。果由红色渐变至红褐色、紫褐色。花期4～6月，果期7～8月。

园林观赏与设计：

黄刺玫花黄色，早春繁花满枝，颇为美观。也许是因为花的美丽漂亮，很多人只关注过黄刺玫花的绚烂，对它的果实却真的未有过太多理会。黄刺玫果实虽没有其花的精彩，却也是别具特色，夏日里弯弯的枝条上结了一串串红色的果实，形似铃铛成串悬于枝顶，红艳诱人，呈现出"山果拂舟红"的景象，其果色慢慢由绿色渐变为红色、最后成熟变为红褐色、紫褐色，红果镶嵌在绿叶间，色泽光亮诱人，让人垂涎欲滴，有一种独特美。

黄刺玫株形清秀，多在草坪、林缘、路边及建筑物前丛植，若筑花台种植，几年后即形成大丛，开花时金黄一片，光彩耀人，挂果时红艳诱人，甚为壮观，亦可在高速公路及车行道旁，作花篱、果篱及基础种植，是集观赏与生态于一体的优良树种。

腺齿蔷薇

Rosa albertii
蔷薇科 Rosaceae　蔷薇属 *Rosa*

形　态：落叶灌木，树高1~2m。果实鲜红色，花期6~8月，果期8~12月。

园林观赏与设计：

　　腺齿蔷薇花色清新可人，果实鲜红可爱，花果共赏。花期过后树上缀满了红玛瑙般的果实，那红晶闪亮的红果颤乎乎地压弯了枝头，如同红色的小灯笼挂满枝头，娇艳欲滴，呈现出"庭果滴红浆"的景象。尤其在北方春寒料峭，树木还未萌发新枝时，可以看见腺齿蔷薇密集的枝条，其枝条上鲜红的果实宿存枝头，经冬不落，十分惹眼，另具一番情趣与生动。

　　在园林绿化中可做果篱、花篱、绿篱或成片栽植，十分壮观，亦可丛植于草坪上。

李 子

Prunus salicina
蔷薇科 Rosaceae 李属 *Prunus*

别　名：李子、嘉庆子、玉皇李、山李子

形　态：落叶乔木，高9~12m。花期4月，果期7~8月。

园林观赏与设计：

　　李子果实红褐色而光滑，叶自春至秋呈红色，尤以春季最为鲜艳，花小，白色或粉红色，是良好的观叶园林植物，尤以变型紫叶李和红叶李在园林绿化中多被选用，在园林中也可作为盆栽景观，通常以自然圆头形、塔形为主，也可根据园林应用喜好将树形塑造成悬崖式、曲干式等，增加景观效果。

黑刺李

Prunus spinosa
蔷薇科 Rosaceae　**李属** *Prunus*

别　名：刺李

形　态：灌木，极少乔木，高4～8m。花期4月，果期8月。

园林观赏与设计：

　　本种耐寒性强，可与普通李和欧洲李杂交，改良品质，又可作灌木型桃、李的砧木或作防护林，果实可供制干果、果酱、果汁及果酒，叶可代茶。黑刺李喜欢阳光充足的山丘和干燥、光线充足、石灰地质、土壤深厚的环境，可用于加固堤坝，干燥的山坡上也同样适宜。

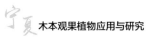

欧 李 *Cerasus humilis*
蔷薇科 Rosaceae 樱属 *Cerasus*

别　名：钙果、櫥李、酸丁、山梅子、小李仁
形　态：灌木，高0.4～1.5m。花期4～5月，果期6～10月。
园林观赏与设计：

　　欧李开花时花团锦簇，十分美观。因其花色多种，花形与樱花相似，花期相近，而且灌木状与乔木状的欧李花可形成错落有致、相得益彰的观赏效果。利用欧李不同的花色，在庭院、公园、街道、高速公路两旁等地栽植花坛或花篱，能够形成春天观花、夏天赏叶、秋天赏果的优雅环境效果，给人以美不胜收的享受。园林可作为灌木花带、灌木球配置。其适应范围广，栽培成活率极高，是荒山绿化、城市园林绿化亟待推广的灌木后起之秀。

西部沙樱

Cerasus besseyi 'Bailey'
蔷薇科 Rosaceae 樱属 *Cerasus*

别　名：沙樱

形　态：落叶灌木，株高1.0～2.5m。花期4～5月，果期7～9月。

园林观赏与设计：

　　果穗密集、果实硕大，是优良的观花观果灌木，常用作沙漠绿化树种。果实味美，维生素含量高。挂果率及产量高，可做经济林树种大力推广。在园林应用中可作为林带大面积种植，增加绿量的同时带来良好的景观效果。

毛樱桃

Cerasus tomentosa
蔷薇科 Rosaceae　樱属 *Cerasus*

别　名：梅桃、山豆子、山樱桃、山樱桃梅、野樱桃、樱桃
形　态：落叶灌木，花期3~4月，果期6月。
园林观赏与设计：

　　毛樱桃与早春黄色系花灌木迎春、连翘配植应用，反映春回大地、欣欣向荣的景象；也适宜以常绿树为背景配置应用，突出色彩的对比。另外，还适宜在草坪上孤植、丛植，配合玉兰、丁香等植物构建疏林草地景观。绿萼毛樱桃花朵开放缓慢，适宜作切花，水养观赏期长；还可采用高接法和低接养干法培育行道树，改变行道树很少采用观花乔木的传统，使它成为园林植物配置的一个新亮点。

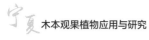

云南樱桃

Cerasus yunnanensis
蔷薇科 Rosaceae　樱属 *Cerasus*

别　名：微毛樱桃
形　态：乔木或灌木，高约4m。花期3月，果期5月。
园林观赏与设计：

　　云南樱桃可种植于公园、小区、道路两侧，作为观花观果植物，可孤植或丛植于草地间。周围搭配其他园林树种，点缀景石增加景观效果；在私家庭院中也可作为主要树种进行栽植，花香四溢，色彩优美，树形美观给庭院带来一种独特的感受，游人在庭院中也可感受这种清新自然、悠然自得的惬意享受。

楸垂落索槐吐花，溪女采莲童抱瓜。

一年光景又将半，愈老愈知生有涯。

《即事》

——宋·陆游

陕甘花楸

Sorbus koehneana
蔷薇科 Rosaceae　花楸属 *Sorbus*

形　态：灌木或小乔木，高达4m。花期6月，果期9月。

园林观赏与设计：

　　陕甘花楸在城市园林中主要在公园、植物园、城市公共绿地、道路绿地中进行点缀，起到绿化、美化的作用。陕甘花楸枝叶秀丽，秋季结白色果实，可在园林景观中成片种植，也可与其他树种搭配种植，形成良好的景观效果，是一种优良的园林观赏树种。

贴梗海棠 *Chaenomeles speciosa*

蔷薇科 Rosaceae　**木瓜属** *Chaenomeles*

别　　名：皱皮木瓜、贴梗木瓜、铁脚梨

形　　态：落叶灌木，高达2m。花期4月，果期10月。

园林观赏与设计：

　　贴梗海棠在公园、庭院、校园、广场等园林绿地中栽植，亭亭玉立，花果繁茂，灿若云锦，清香四溢，效果甚佳。贴梗海棠作为独特孤植观赏树或三五成丛的点缀于园林绿地中，也可培育成独干或多干的乔灌木作片林或庭院点缀；春季观花夏秋赏果，淡雅俏秀，多姿多彩，使人百看不厌，取悦其中。贴梗海棠可制作多种造型的盆景，被称为盆景中的十八学士之一。贴梗海棠盆景可置于厅堂、花台、门廊角隅、休闲场地，可与建筑合理搭配，使庭园景观增添风采，被点缀得更加幽雅清秀。

花褪残红青杏小，燕子飞时，绿水人家绕。
枝上柳绵吹又少，天涯何处无芳草。

墙里秋千墙外道，墙外行人，墙里佳人笑。
笑渐不闻声渐悄，多情却被无情恼。

——宋·苏轼
《蝶恋花》

山 杏

Armeniaca sibirica
蔷薇科 Rosaceae　杏属 *Armeniaca*

别　名：西伯利亚杏
形　态：灌木或小乔木，落叶，高2～5m。花期3～4月，果期6～7月。
园林观赏与设计：

　　山杏可栽植于庭院内，花开时节给人以清雅之感，花落时落英缤纷，整个庭院多了一分春的味道。山杏也可群植、林植于公园，花开时透显花海之势，营造杏花村的景致，给人群体美的感受。还可种植于山坡、土丘上，形成杏花山的景观。在道路绿化及廊道中，选择树干通直、树形高大、树冠浓密的山杏种植，春季花开时节花香四溢，夏季浓密的树荫使人神清气爽，同时在小区中作为行道树或园林行道树，可美化环境，增加景观效果。

《江岸梨花》
——唐·白居易

梨花有思缘和叶，一树江头恼杀君。
最似婵娟少年妇，白妆素袖碧纱裙。

白 梨

Pyrus bretschneideri
蔷薇科 Rosaceae　梨属 *Pyrus*

形　态：乔木，高达5～8m。花期4月，果期8～9月。

园林观赏与设计：

　　为了突出白梨的个体美，可将其进行孤植，一般选择开阔空旷的草坪、花坛中心进行种植。白梨在池畔、篱边都可与其他树种搭配种植，配以山石花卉，可烘托氛围。白梨除了果味之佳与花容之淡以外，其特有的树木美，也宜于观赏，可做庭院树种植。大面积种植梨树，可构成壮丽的自然景观，形成一种浩然浑厚的气魄，最能发挥梨树的群体美。

忍冬科 Caprifoliaceae

　　忍冬科是双子叶植物纲的一科。灌木、小乔木或木质藤本。本科有13属约500种，尤以忍冬属（鞑靼忍冬、长白忍冬、葱皮忍冬、金花忍冬）、荚蒾属（香荚蒾、鸡树条荚蒾、蒙古荚蒾、桦叶荚蒾）、接骨木属（接骨木）、毛核木属（白毛核木）观赏效果最佳，且多具有耐水湿、耐寒、耐干旱的特点，是北方园林绿化中较为优良的品种。

金银木

Lonicera maackii

忍冬科 Caprifoliaceae　**忍冬属** *Lonicera*

别　名：金银忍冬、鸡骨头

形　态：落叶灌木，高达6m。花期5~6月，果期8~10月。

园林观赏与设计：

　　金银木花果并美，具有较高的观赏价值。金银木株形紧凑，枝叶丰满，春天可赏花闻香，秋天可观红果累累。春末夏初层层开花，金银相映，远望整个植株如同一个美丽的大花球。金银木花是优良的蜜源，果是鸟的美食，并且全株可药用；根可解毒截疟；茎叶祛风解毒，活血祛瘀；花可祛风解表，消肿解毒；浆果球形亮红色。金秋时节，对对红果挂满枝条，煞是惹人喜爱，也为鸟儿提供了美食。成熟植株冠幅大，树姿优美，可丛植于绿地中。

　　"金银摇曳叶生辉，红豆含情意难为。梳枝乱剪忆芳菲，淬血霜天羡红梅。急催，春风万里归，抖落红尘泪。"

金银木

鞑靼忍冬

Lonicera tatarica
忍冬科 Caprifoliaceae　**忍冬属** *Lonicera*

别　名：新疆忍冬

形　态：落叶灌木，高达3m。花期5月，果期6~8月。

园林观赏与设计：

花美叶秀，果红色，晶莹透亮，宜孤植、片植。常用于城市街道和广场绿化、小区庭院绿化及立地条件恶劣区绿化等。

（1）城市街道和广场绿化

鞑靼忍冬分枝性强，耐修剪，且花美叶秀，可在城市街道及广场用作色带或绿篱，起到降噪减尘的作用。由于鞑靼忍冬花后果实很快变红，因此能够实现春观花，夏秋观叶观果的观赏效果。加之落叶较迟，能延长冬季观赏时间。也可将其培育成球形或方形的苗木进行园林点缀造景。进入夏季高温季节，鞑靼忍冬生长缓慢，减少了修剪工作量从而能有效节约修剪管护费用。鞑靼忍冬病虫害少，减少了因病虫害防治而造成的环境污染。

（2）庭院绿化

鞑靼忍冬在庭院中可采用丛植或与其他树种搭配栽植等方式造景，于庭院道路两侧或建筑物周边栽植，起到美化的作用。苗木培育时可将苗木培育成球形、方形或高大伞状造型，在小区草坪栽植或在庭院空地栽植，起到点缀、遮阴的效果。

（3）立地条件恶劣区的绿化

由于鞑靼忍冬可以生长在盐碱化程度高的地方，现在已经被大量应用在银川市贺兰县、石嘴山市惠农区、高速公路等区域。鞑靼忍冬适应性强，根系发达，病虫害少，移栽极易成活，适合在灌溉条件较差，劳动力缺乏，土壤气候条件恶劣的区域栽植，比如荒山荒坡绿化、矿山治理、盐碱地绿化、生态退化区域绿化以及西北地区风多风大的风口。

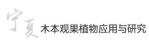

鞑靼忍冬

鞑靼忍冬

鞑靼忍冬

	金花忍冬	*Lonicera chrysantha*

忍冬科 Caprifoliaceae　忍冬属 *Lonicera*

别　名：黄花忍冬

形　态：落叶灌木，高达2m。花期5~6月，果期7~9月。

园林观赏与设计：

金花忍冬是良好的观花观果灌木，常应用在广场、道路、庭院和生态绿地中。

（1）广场、道路绿化

在宁夏固原市古雁文化广场，金花忍冬作为道路绿化的主要树种，与金叶榆、山桃、女贞等搭配，不仅能够改善环境，而且实现了春夏观花、秋观果的连续观赏性效果。

（2）公园绿化

在泾源县卧龙山公园和泾源滨河路，金花忍冬作为观果植物，搭配落叶藤本的金银花、地被石竹，在春末夏初不仅可以形成繁花满树，黄白间杂，芳香四溢的效果，而且在秋后，红果挂满枝头，晶莹剔透，鲜艳夺目，可与瑞雪相辉映。

在宁夏银川市植物园芳香园中，金花忍冬与火炬树搭配，以孤植的方式种植在园路旁，产生了秋观红叶烂漫，黄橙相映的彩色景象。

（3）立地条件恶劣区的绿化

在银川宁煤集团厂区绿地中，种植金花忍冬用于吸收工厂排出的有毒气体，净化城市环境。

在园林绿化中可做果篱、花篱、绿篱或成片栽植，亦可丛植于草坪上。

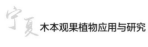

葱皮忍冬　*Lonicera ferdinandii*
忍冬科 Caprifoliaceae　忍冬属 *Lonicera*

别　名：秦岭忍冬、烂皮袄、葱皮木

形　态：灌木，高达3m。花期4月下旬~6月，果期9~10月。

园林观赏与设计：

　　树木形态优美，果实鲜红可爱，适宜孤植、散植。

长白忍冬

Lonicera ruprechtiana
忍冬科 Caprifoliaceae　忍冬属 *Lonicera*

别　名：王八骨头、扁旦胡子、辽吉金银花
形　态：落叶灌木，高达3m。花期4~5月，果期7~8月。
园林观赏与设计：

花美叶秀，果橘红色，晶莹透亮，密集生于枝条上，是良好的观花观果灌木，宜孤植、片植。常应用在道路、庭园和生态景观绿化建设中。

在宁夏银川市植物园芳香园中，长白忍冬以 3~5 株丛植的方式种植在园路旁，与地被八宝景天、小乔木紫叶矮樱搭配，既突出果期、花期，形成四季变换的景观色彩，又活跃园林气氛，增强了景观效果。

蓝叶忍冬　*Lonicera korolkowii*
忍冬科 Caprifoliaceae　忍冬属 *Lonicera*

唐古特忍冬

Lonicera tangutica
忍冬科 Caprifoliaceae　忍冬属 *Lonicera*

形　态：落叶灌木，高达2～4m。花期5～6月，果期7～8月（西藏9月）。

园林观赏与设计：

目前尚未由人工引种栽培，但其花美果红，经人工驯化后，可应用于园林观赏中，宜片植或与其他忍冬属植物混合搭配种植，增加群落稳定性。

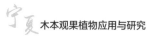

小叶忍冬 *Lonicera microphylla*
忍冬科 Caprifoliaceae 忍冬属 *Lonicera*

形　态：落叶灌木，高达2～3m。花期5～6（～7）月，果期7～8月（～9月）。

园林观赏与设计：

目前尚未由人工引种栽培，经人工驯化后可应用于山体护坡种植，防风固沙。

| 岩生忍冬 | *Lonicera rupicola*
忍冬科 Caprifoliaceae　忍冬属 *Lonicera* |

形　态：落叶灌木，高达1.5～2.5 m。花期5～8月，果期8～10月。

园林观赏与设计：

　　目前尚未由人工引种栽培，但果实鲜红，具有耐水湿、耐寒、抗旱等特点，经人工驯化后，可应用于山体绿化及河流沿岸生态修复工程，宜片植或与其他忍冬属植物混合搭配种植，增加群落稳定性。

其他忍冬类

刚毛忍冬

刚毛忍冬

台尔曼忍冬

台尔曼忍冬

红花忍冬

红花忍冬

香荚蒾

Viburnum farreri
忍冬科 Caprifoliaceae　**荚蒾属** *Viburnum*

别　名：香探春、野绣球
形　态：落叶灌木，高达5m。花期4～5月，果期9～10月。
园林观赏与设计：

　　这是一种在每年的早春里开放的观花类植物。果实紫红色。春风送香，和煦的春风中我们都会先闻到这种植物的花香。如果是首次看到这种观花类植物，很多朋友都会以为它是丁香花。其实不然，只是这种植物所开的花朵的花型与丁香花的花型极为相似。是我国北方地区园林绿化中首选花卉类植物之一。为高寒地区主要的早春观花灌木，植株枝叶稠密，叶形优美，可布置庭院、林缘，也可孤植、丛植于草坪边、林荫下、建筑物前，其耐半阴，可栽植于建筑物的东西两侧或北面。

香荚蒾

香荚蒾

鸡树条荚蒾

Viburnum opulus var. *calvescens*
忍冬科 Caprifoliaceae　**荚蒾属** *Viburnum*

别　名：天目琼花
形　态：落叶灌木，高达5~4m。花期5~6月，果期9~10月。
园林观赏与设计：

　　鸡树条荚蒾的复伞形花序很特别，边花（周围一圈的花）白色、很大，非常漂亮但却不能结实，作为观赏绿化树种，花大密集，适于寒冷地区种植，优美壮观，心花（中央的小花）貌不惊人却能结出累累红果。树态清秀，叶形美丽，花开似雪，果赤如丹。可入药，有祛风通络、活血消肿之效，春可观花、秋可观果，在园林中广为应用。春季梢头嫩绿，勃勃生机；夏季绿叶白花，相映成趣；秋季红果累累，秋叶变红，令人赏心悦目；冬季红果宿存，与白雪辉映，满目白雪内鲜红，分外迷人，可谓春夏秋冬各有其风采和妙处。宜在建筑物四周、草坪边缘配植，也可在道路边、假山旁孤植、丛植或片植，宜作公园灌丛、墙边及建筑物前绿化树种。刘敞形容它"东方万木竞纷华，天下无双独此花"。

球花荚蒾 *Viburnum glomeratum*
忍冬科 Caprifoliaceae 荚蒾属 *Viburnum*

形　态：落叶灌木，高达3m，果实红色而后变黑色。花期5月，果期9月。

园林观赏与设计：

北方最常见的绿化树种之一，在城市园林美化和抗污染等方面具有广泛的应用前景。株型高低变异较大，树型多变，可丛植于林下，既可规则式布置也可自然式布置，也可单株栽植观赏，起点缀或映衬作用，也可做瓶插、盆栽或盆景的优良材料。树体相对适中、枝叶稠密、树冠球形、叶形美观、花团锦簇、果粒殷红。将这类植物配置于路旁、池边、土丘、廊厅、房前屋后，或对植、或丛植、或群植，都能塑造出优美的景观，带给人们美的享受。

桦叶荚蒾
Viburnum betulifolium
忍冬科 Caprifoliaceae　荚蒾属 *Viburnum*

形　态：落叶灌木或小乔木，高可达7m。花期4～5月，果期9～10月。

园林观赏与设计：

　　是良好的观果灌木，果红色，花冠白色。上层或背景乔木可用山核桃、无患子等落叶乔木，中层植物的配置可与杜鹃、樱花、月季等种植在一起，调节素洁的色彩。树姿优美、叶片美观、花型奇特、果实玲珑，具有较高的观赏价值，是园林绿化和植物造景的优良木本植物，开发利用前景极为广阔。

红色果实

蓝紫黑色果实

接骨木 *Sambucus williamsii*
忍冬科 Caprifoliaceae **接骨木属** *Sambucus*

别　名：舒筋树、续骨树
形　态：落叶灌木或小乔木，高5～6m。花期4～5月，果期7～9月。
园林观赏与设计：

　　接骨木枝叶繁茂，春季白花满树，夏秋红果累累，是良好的观赏灌木。花与叶同出，果实红色，极少蓝紫黑色，茎枝可入药。宜植于草坪、林缘或水边，也可用于城市、工厂的防护林。萌蘖性强，生长旺盛，也可用作花果篱。树姿飘逸、花枝繁茂、果实艳丽，很适宜做园林绿化的孤植树。配置在空旷开阔地，以蓝天、绿水、草地为背景，可丰富风景层次，更能突出主题、突显主景，相得益彰，突显接骨木属植物的观赏价值。

秋深冬近渐入寒，
移步秋园果香漫。
红果满园乱人眼，
唯有雪果白灿灿。
枝头果实似雪般，
晶莹剔透一串串。
果果相连绕枝生，
果叶白绿惹人怜。
秋风走马飞沙过，
不忍蒙尘雪果间。

白雪果　　*Symphoricarpos albus*
忍冬科 Caprifoliaceae　毛核木属 *Symphoricarpos*

形　态：落叶灌木，株高可达1.2m。枝条纤细，直立，略有毛；叶片深绿色；花淡粉色，成串。花期6月末～7月中旬，果期8月中旬至9月底。

园林观赏与设计：

　　果实经冬不落，是秋冬季观果的优良园林树种。

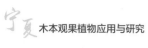

白雪果

白雪果

卫矛科 Celastraceae

　　卫矛科是卫矛目的一科，木质藤本、乔木或灌木，果实大多色彩鲜艳，叶通常革质。本科约 55 属 850 种以上，我国产 12 属 200 种以上。在本书中仅列在宁夏适应生长的 1 个属（卫矛属）6 个种（卫矛、陕西卫矛、胶东卫矛、丝棉木、北海道黄杨、栓翅卫矛）。

胶东卫矛 *Euonymus kiautschovicus*

卫矛科 Celastraceae **卫矛属** *Euonymus*

别　名：胶州卫矛、攀援卫矛

形　态：常绿灌木或小乔木，高3～8m。花期8～9月，果期9～10月。

园林观赏与设计：

　　在园林中常用作绿篱。其绿化成本低廉，成效快，可吸尘防风沙，是优良的绿篱用树。它不仅适用于庭院、甬道、建筑物周围，而且也用于主干道绿带。是绿篱、绿球、绿床、绿色模块、模纹造型等平面绿化的首选常绿树种。又因对多种有毒气体抗性很强，并能吸收而净化空气，抗烟吸尘，是污染区理想的绿化树种。

　　在宁夏地区，以丝棉木作砧木，插皮嫁接胶东卫矛，不但使灌木状的胶东卫矛乔木化，同时克服了胶东卫矛在银川地区无法以常绿的性状越冬、落叶、小枝枯死、发芽推迟等缺点，使得嫁接后的胶东卫矛在宁夏等地8月中上旬开花，冬季绿叶红果，是我国"三北"地区冬季常绿阔叶乔木中较少的几个新树种，同时又是污染区理想的绿化树种。宜培养成绿篱，单行带状或以"品"字形双行栽植。绿篱适宜的高度为50～70cm，实践中多与红叶小檗搭配种植。

黄杨性坚贞，枝叶亦刚愿。
三十六旬久，增生但方寸。
今何成修林，左右映烟蔓。
良材岂一二，所期先愈钝。
——《黄杨林诗》

北海道黄杨 *Euonymus japonicus*

卫矛科 Celastraceae　**卫矛属** *Euonymus*

别　名：冬青卫矛、大叶黄杨、日本卫矛、四季青、万年青、小冬青
形　态：灌木，高可达3m。花期6~7月，果期9~10月。

园林观赏与设计：
　　秋冬季满树红果，景色怡人。宜做城市庭院绿化树种，可以孤植、列植，亦可群植。

满园秋色关不住，一树蝴蝶飞过来，红果胜过四月花，更叹自然神笔在。

陕西卫矛

Euonymus schensianus

卫矛科 Celastraceae　**卫矛属** *Euonymus*

别　名：金丝吊蝴蝶、金丝吊燕

形　态：落叶藤本大灌木或小乔木。花期4～6月，果期7～11月。

园林观赏与设计：

是陕西特色乡土树种，属国家一级保护植物。因其夏秋之季翅果吊在细长线上，形似蝴蝶，被誉为金线吊蝴蝶。它集果型、吊线、彩叶于一身，构成奇、艳、秀、雅的艺术特性，具有高度统一的自然美。一个个小翅果，粉粉嫩嫩，悬挂在千条金线上，微风吹过，远观像群蝶一样飞舞着，正所谓"风动蝴蝶乐逍遥"。深秋黄叶与红叶相间，配上悬挂的果实，别有特色，是自然美的艺术欣赏。

园林中可作庭院观赏树种，孤植或制作树桩盆景，其柔长细枝倒挂下垂生长，蒴果如蝶似蜂，吊于空中，别有情趣，具有很高的观赏价值，是优良的秋季观果植物。该品种适宜孤植、丛植、片植或列植于园林绿地，是园林景观首选耐寒、耐旱观果品种。

栓翅卫矛

Euonymus phellomanus
卫矛科 Celastraceae　卫矛属 *Euonymus*

栓翅卫矛的枝条从上到下生长着2～4条褐色的薄膜，质地轻软，如同我们平常所使用的软木塞一般，是木栓质的。它在枝上的排列犹如箭尾的羽毛，又像枝条四周长上了翅膀，因此人们称它为栓翅卫矛。

别　名：鬼箭羽、八肋木
形　态：灌木，高3～4m。花期7月，果期9～10月。
园林观赏与设计：

主要观果，亦可观树形、观叶及枝翅。其枝条具翅宽约1cm，形态奇特，8月上旬蒴果变为粉红色，开裂后像朵朵盛开的小红花，秋叶变红，观景效果十分卓越。园林中孤植或丛植于林缘、公园、草坪、斜坡、水边，或于山石间、亭廊边配植，也可植于高速公路两侧或作为分车带植物。同时，也是绿篱、盆栽及制作盆景的好材料。

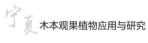

丝棉木	*Euonymus maackii*
	卫矛科 Celastraceae　卫矛属 *Euonymus*

别　名：白杜、明开夜合、桃叶卫矛、华北卫矛、白皂树、野杜仲、白樟树

形　态：落叶小乔木，高6~8m。花期5~6月，果期9~11月。

园林观赏与设计：

　　枝叶娟秀细致，姿态幽丽，秋季叶色变红，果实挂满枝梢，冬果红艳不落，颇具山野情趣，开裂后露出橘红色假种皮，如同满天繁星，甚为美观。庭院中可配植于屋旁、墙垣、庭石及水池边，亦可作行道树、庭荫树栽植，可片植、孤植、列植或组团种植。

漆树科 Anacardiaceae

　　漆树科是双子叶植物纲蔷薇亚纲中经济价值较大的一科。约 60 属 600 余种，中国有 16 属 59 种。以产漆著称，产量以中国最多。代表树种有漆树、黄连木、黄栌等。本科植物有的为特用经济树种，如盐肤木和漆树；有的为著名水果或食品，如杧果、腰果；有的为重要的园林绿化树种，如黄栌和火炬树。本书选取在宁夏地区较常见且适宜生长观果效果好的盐肤木属的火炬树为例。

火炬树 *Rhus typhina*
漆树科 Anacardiaceae　盐肤木属 *Rhus*

别　　名：鹿角漆、火炬漆、加拿大盐肤木
形　　态：小乔木或灌木，花期6~7月，果期8~9月。
园林观赏与设计：
　　　　是集观叶、观果、观花、观树形于一体的著名彩叶植物。树姿优美，叶形美观，秋季变红；雌花序和果实鲜红似"火炬"，从夏至秋缀满枝顶，即使在冬季落叶后仍可见满树"火炬"，颇为奇特。深秋季节，其叶色金红，远望景色十分壮观。宜丛植、群植于庭院、草坪、路缘，也可片植于风景区、郊野公园、城市快速道路旁，亦是水土保持、固沙及荒山造林先锋树种。

无患子科　Sapindaceae

　　无患子科，双子叶植物，约150属2000余种，广布于热带和亚热带地区，中国有25属56种，各地均产之，主产地为西南部和南部，但文冠果属和栾树属分布至华北和东北。无患子的果皮可供洗濯用以代肥皂，大部分木材很有价值，有些种类的种子含油很丰富，如文冠果。本书选取在宁夏地区生长较好且具有较高观果价值的文冠果属中的文冠果做介绍。

文冠果　*Xanthoceras sorbifolium*
无患子科 Sapindaceae　**文冠果属** *Xanthoceras*

别　名：文冠树、文官果、木瓜

形　态：落叶灌木或小乔木，高达8m。花期4～5月，果期6～8月。

园林观赏与设计：

　　是集观叶、观花、观果、观树形为一体的园林观赏植物。树姿优美，叶形美观；花开之时如白雪覆盖、满树繁花似锦、洁白素雅、绚丽多姿；果为蒴果，椭圆球形，蒴果成熟时，果皮由绿色变为黄绿色，动感较强。挂满果实的文冠果别有一番景象。

　　最宜孤植于草坪及空旷地，使其四面开展，体现其个体美；如群植一片，花开之时有白云翻滚之效，十分壮观。也可片植于山地、水利风景区，营造大片经果林和观赏林。

'森淼金粉冠'

'森淼桃红冠'

'森淼金紫冠'

'森淼重瓣冠'

文冠果新品种

茄科　Solanaceae

宁杞5号

宁杞1号

宁杞7号

宁杞6号

宁杞8号

宁夏枸杞

Lycium barbarum
茄科 Solanaceae　枸杞属 *Lycium*

茶条槭

Acer ginnala
槭树科 Aceraceae　槭树属 *Acer*

别　名：茶条、华北茶条槭
形　态：落叶灌木或小乔木，高5～6m。花期5月，果期6～8月。
园林观赏与设计：

　　本种树干直，花有清香，果供观赏，叶形美丽。秋季叶色红艳，特别引人注目；夏季果翅红色美丽，十分秀气、别致，是北方优良的庭院观赏树种，宜孤植、列植、群植，或修剪成绿篱和整形树，可用于城市绿化作行道树或营建风景林。

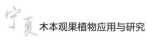

五角枫 *Acer mono*

槭树科 Aceraceae　槭树属 *Acer*

别　名：地锦槭、色木槭、五角槭、色木

形　态：落叶乔木，高达15～20m。花期4～5月，果期8～9月。

园林观赏与设计：

　　叶子色泽秀丽，叶片均有五角，形状万千，坚果具翅，自成角度，簇拥于枝头。其树形优美，枝叶浓密，秋色叶变色早，且持续时间长，多变为黄色、橙色及红色。是北方重要的秋天观叶、观果树种，可做园林绿化庭院树、行道树和风景林树种。在城市绿化中，适于建筑物附近、庭院及绿地内散植；在郊野公园利用坡地片植，也会收到较好的效果。

复叶槭	*Acer negundo*
	槭树科 Aceraceae 槭树属 *Acer*

别　名：梣叶槭

形　态：落叶乔木，树体最高达20m。花期4～月，果期5～9月。

园林观赏与设计：

　　早春开花，花蜜很丰富，是很好的蜜源植物，生长迅速，树冠广阔优美，耐寒、耐旱，夏季遮阴效果良好，翅果累累挂满枝头，随风飘动，如同千百万只翩翩起舞的蝴蝶，是优良的观赏绿化树种，可作行道树或庭院树，其广泛用于我国北方防护林、用材林、园林绿化中。

小檗科 **Berberidaceae**

小檗科是被子植物门、双子叶植物纲、木
兰亚纲、毛茛目的一科。该科植物共 13 属约
600 种。中国有 10 属约 300 种，主要分布于
西部和西南部。本书仅列具有代表性的，在宁
夏生长良好的小檗属中的红叶小檗。

红叶小檗

Berberis thunbergii var. *atropurpurea*
小檗科 Berberidaceae　**小檗属** *Berberis*

有诗句这样形象生动的描述红叶小檗："春开黄花是淑女，入秋火耀撩人眼"。

别　名：紫叶小檗

形　态：落叶灌木。花期4～6月，果期7～10月。

园林观赏与设计：

　　春季开小黄花，入秋则叶色变红，果熟后亦红艳美丽，是良好的观果、观叶和刺篱材料。园林常用作花篱或在园路角隅丛植，点缀于池畔、岩石间。也用作大型花坛镶边或剪成球形对称状配植。适宜坡地成片种植，与常绿树种作块面色彩布置，可用来布置花坛、花境，是园林绿化中色块组合的重要树种。由于比较耐阴，是乔木下、建筑物阴蔽处栽植的好材料。

鼠李科　Rhamnaceae

　　鼠李科是双子叶植物纲鼠李目的一个大科，有 58 属大约 900 种，中国有 14 属大约 130 种。本科植物一般都有刺，果实为肉质核果或蒴果，本科植物含有许多经济树种。本书仅列在宁夏适应性强且比较常见的枣属中的枣，枣在中国也是一种主要的干果或水果。

人言百果中，唯枣凡且鄙。
皮皴似龟手，叶小如鼠耳。
胡为不自知，生花此园里。
岂宜遇攀玩，幸免遭伤毁。
二月曲江头，杂英红鬖旎。
枣亦在其间，如嫫对西子。
东风不择木，吹煦长未已。
眼看欲合抱，得尽生生理。
寄言游春客，乞君一回视。
君爱绕指柔，从君怜柳杞。
君求悦目艳，不敢争桃李。
君若作大车，轮轴材须此。

——唐·白居易

《杏园中枣树》

枣
Ziziphus jujuba
鼠李科 Rhamnaceae **枣属** *Ziziphus*

别　名：大枣、枣子、刺枣、贯枣
形　态：灌木或小乔木，高达10m。花期5～7月，果期8～10月。

园林观赏与设计：

　　枣树枝梗劲拔，翠叶垂荫，朱实累累。宜在庭园、路旁散植或成片栽植。其老根古干可作树桩盆景；另外，其树形古雅，小枝迂回，果实红艳，具有很好的观赏价值，广泛用作庭荫树及园路行道树，是园林与经济林生产相结合的理想树种。宁夏常见的品种有灵武长枣、中宁小枣、同心圆枣，其他品种有鸡蛋枣、梨枣、晋枣、赞皇大枣、茶壶枣、磨盘枣、骏枣等。

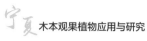

虎耳草科 **Saxifragaceae**

虎耳草科是双子叶植物纲蔷薇亚纲蔷薇目的一科。本科约含 17 亚科 80 属 1200 余种，我国有 7 亚科 28 属约 500 种，其中独根草属为我国特有。本书仅列在宁夏生长良好且应用较广的茶藨子属的尖叶茶藨子。

尖叶茶藨子

Ribes maximowiczianum
虎耳草科 Saxifragaceae　茶藨子属 *Ribes*

别　名：北方茶藨、远东茶藨

形　态：落叶小灌木，高约1m。花期5～6月，果期8～10月。

园林观赏与设计：

　　枝条柔细，红果期果实透亮晶莹，叶形美观，秋叶经霜变为鲜红色，是典型的秋色叶类观赏树种，春季黄花满树，秋季丹果盈枝，观景效果极为出色。可与常绿树种配植，色泽分明，适宜丛植于庭院、园路一旁、假山一侧及花坛等处。

豆 科 Leguminosae

　　豆科为被子植物中仅次于菊科及兰科的三个最大的科之一，多为两侧对称的蝶形花或假蝶形花，分布极为广泛，生长环境各式各样，无论平原、高山、荒漠、森林、草原直至水域，几乎都可见到豆科植物的踪迹。豆科最常见的三个亚科，一是蝶形花亚科，代表植物：锦鸡儿（锦鸡儿属，羽状复叶）和槐树（槐属，羽状复叶）。二是云实亚科，代表植物：紫荆（落叶灌木，有荚果，花紫色，先叶开放）。三是含羞草亚科，代表植物：含羞草（多年生草本）与合欢（乔木）。

树锦鸡儿
Caragana korshinskii
豆科 Leguminosae　**锦鸡儿属** *Caragana*

别　名：蒙古锦鸡儿、小黄刺条、黄槐

形　态：小乔木或大灌木，荚果圆筒形，无毛。花期5～6月，果期8～9月。

园林观赏与设计：

　　树锦鸡儿枝叶秀丽，花色鲜艳，在园林绿化中可孤植、丛植于路旁、坡地或假山岩石旁，也可作绿篱材料和用来制作盆景。树锦鸡儿盆景的造型，以独干虬枝、姿态古雅者为佳，也可制作成枝叶纷披下垂之势；或提根露爪，显其老态；或剪扎枝叶，呈朵云状；以达到形美花艳之效。树锦鸡儿既可以以蓝天为背景，丛植于沙地中；也可成片种植，形成防风林带。

| 山皂荚 | *Gleditsia japonica* |
| | 豆科 Leguminosae　皂荚属 *Gleditsia* |

　　山皂荚冠大荫浓，枝条细柔下垂，潇洒多姿，加之有红褐色棘刺和大型的荚果，具有一定的观赏价值，被业内人士称为"藏在深闺"的乡土树种，非常适宜作庭荫树及四旁绿化树种。

别　名：山皂角、皂荚树、日本皂荚

形　态：落叶乔木。花期3～5月，果期5～12月。

园林观赏与设计：

　　根据山皂荚的树冠和干形特点，在草地、湖边、道路转角处种植，突出表现个体美，可发挥景观中心视点或引导视线的作用；三五株小组团与珍珠梅、丁香组景，可以作为花灌木的背景树，起到锦上添花的作用；还可20～30株皂荚与数种乔木或灌木搭配，构成较大面积的皂荚林，展现群体美，成为主景观，群植可配置在草坪边缘或常绿乔木林边。

胡颓子科 Elaeagnaceae

胡颓子科植物有乔木也有灌木，枝端和叶被有银色或金褐色的盾状鳞片或星状毛，果实为瘦果或坚果，包藏在肉质花被中。大部分种类是耐干旱植物，但也有部分品种耐潮湿的气候。其中沙棘（*Hippophae rhamnoidese*）是优良的固沙植物。

沙 棘

Hippophae rhamnoides
胡颓子科 Elaeagnaceae **沙棘属** *Hippophae*

沙棘是在地球上生存了两亿年的植物，是西部大开发生态环保价值最高的植物，被人们称为"圣果"。成熟之时，橘黄色的果实密密麻麻地铺满整个枝条，散发出一股清香，耐人寻味。每年5月开花结果，10月成熟，12月叶落归根，生长期长达半年之久，是一种临冬不凋的植物。成熟后的果实晶莹剔透，可用药或给人体补充大量的维生素C。

别　名：酷柳、酸刺
形　态：落叶灌木或乔木。花期4～5月，果期9～12月。

园林观赏与设计：

沙棘枝叶繁茂浓绿，花色可爱，气味清香，果实观赏效果好，可将其栽植于街道、公路两旁及分车带内。也可以和早春放叶较早、颜色嫩绿的暴马丁香搭配，或与常绿针叶树结合起来，是冬季观赏的最佳景点；沙棘可植于河边、湖边、护岸护坡，开花时节，满树黄花，与水相映成趣，秋季果实成熟之际，黄果绿叶，形成壮丽的景观，令人留连忘返；沙棘还可作为刺篱和观果篱，栽植在园林绿地的边界；沙棘还可作为盆景，花期以及挂果摆于庭院或厅堂供观赏，具有百看不厌的感觉。

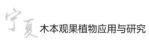

沙棘

沙棘

银水牛果 *Shepherdia argentea*
胡颓子科 Elaeagnaceae　**水牛果属** *Shepherdia*

　　银水牛果叶背雪白，似拥有《沁园春·雪》中北国风光的苍茫，其娇小的树形使其天生就具有着协调高大乔木与地被之间的天赋。花开时节，满树黄花，置于小路边、岩石旁，温暖入心的色彩让映入眼帘的画面都充满安徒生笔下温馨的色彩。黄花开败时节，晶莹饱满而又娇艳欲滴的红果又爬上了枝梢，串串诱人，深得小动物的青睐，故而又称银水牛果为兔果。

别　名：兔果、内布拉斯加茶藨

形　态：多年生落叶灌木。花期4~5月，果期8~9月。

园林观赏与设计：

　　全株银白色，红果挂满枝头直至深秋，可作为彩色树种（银色）或观果树种应用于城市园林中；还可用作沙区治理、退耕还林工程、荒漠化防治及生态环境综合治理的观赏灌木。

| 牛奶子 | *Elaeagnus umbellata*
胡颓子科 Elaeagnaceae　胡颓子属 *Elaeagnus* |

别　名：伞花胡颓子

形　态：落叶直立灌木。花期4～5月，果期7～8月。

园林观赏与设计：

　　花香袭人，果实通红，颇具观赏特色，多用于沙地及盐碱地作风景树，在盐碱地园林绿化中占有重要位置，也可作绿篱及防护林之下木。

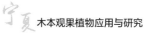

沙　枣	*Elaeagnus angustifolia* 胡颓子科 Elaeagnaceae　胡颓子属 *Elaeagnus*

别　名：银柳、红豆

形　态：落叶乔木或小乔木，花银白色，芳香，叶银灰色。花期5~6月，果期8~10月。

园林观赏与设计：

　　沙枣树并不高大挺拔，也不粗壮雄伟，它们的树干斑斑驳驳，枝条也显得柔弱。但它们生命力极强。春天，它们发出灰绿的嫩芽，抽出细细的枝条；夏天，枝头开满淡黄的小花，散发出幽幽的、甜甜的清香；秋天，满枝结出了不大的、涩涩的果实；冬天，裸露着瘦瘦的躯干，迎着风寒冰雪。

　　漫漫黄沙中有它绿叶繁茂的倩影，狂风中有它虬枝的苍劲，暴雨中有它高声的呐喊，冰雪催折中有它凝霜傲骨。它没有伟岸的身躯，却朴实无华深深地扎根于戈壁荒滩，它盎然的生机给荒凉的大漠带来春的妩媚，夏的浓荫，秋的硕果。

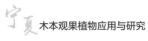

新疆大沙枣 *Elaeagnus moovcroftii*
胡颓子科 Elaeagnaceae　　**胡颓子属** *Elaeagnus*

别　名：大果沙枣、大沙枣

形　态：落叶乔木，果实比沙枣的明显偏大。花期5～6月，果期8～10月。

园林观赏与设计：

　　新疆大沙枣在园林绿地中多作园景树孤植或群植在公园、广场或街头绿地中，每到花期香气扑鼻常令游人驻足停留。可在园林绿地中孤植，以广袤无垠的大草坪为自然基底，以蓝天为背景，树形奇特，展枝优美，线条宜人，叶色银灰，与众不同；新疆大沙枣还可片植于园林绿地中，多成疏林状态，从而营造别具特色的疏林草地景观；还可与紫叶李、槐树成群种植，叶色银灰，在较远的视距内就能与其他植物产生强烈的对比，景观效果十分突出。

木犀科 Oleaceae

　　木犀科植物多为常绿或落叶乔木或灌木，有时为藤本，南北各地均有分布，多数种类为观赏花木，如桂花、丁香、迎春花、茉莉等，有些种类的木材很有用，如白蜡树属，可饲养白蜡虫以取白蜡，桂花和茉莉的花很芳香怡人，拌于茶内可增加香味，连翘和素馨可入药。

| 洋白蜡 | *Fraxinus pennsylvanica* |
| | 木犀科 Oleaceae　梣属　*Fraxinus* |

胡桃科 Juglandaceae

胡桃科是双子叶植物纲金缕梅亚纲的一科。该科共9属72种,中国有7属25种,分布在全国各地。胡桃是重要的干果作物,与扁桃、腰果、榛子并称为世界著名的"四大干果"。本书选取具有代表性的在宁夏较常见的胡桃属的胡桃进行介绍。

胡 桃	*Juglans regia*
	胡桃科 Juglandaceae **胡桃属** *Juglans*

别　名：核桃、羌桃
形　态：落叶乔木,高达25m。花期5月,果期8~10月。
园林观赏与设计:

　　树冠开展,浓荫覆地,干皮灰白色,姿态魁伟美观,是优良的园林结合生产树种。独植或两三株丛植庭院、公园、草坪、隙地、池畔、建筑旁;居住小区、风景疗养区亦可用作庭荫树、行道树。秋叶金黄色,宜在风景区植风景林装点秋色。

紫葳科 Bignoniaceae

紫葳科是被子植物门、双子叶植物纲、菊亚纲的一科。紫葳科共有110属大约650种，中国约有13属60余种。该科具有很多热带植物的特征，如气生根、老茎生花现象等，大多数种类花大而美丽，色彩鲜艳。本书选取的宁夏地区生长较好的梓树是本科中梓树属中的一个种，具有本科花大的特征。

梓 树

Catalpa ovata
紫葳科 Bignoniaceae **梓属** *Catalpa*

别　名：臭梧桐、黄花楸、木角豆
形　态：落叶乔木，高6～15m。花期6～7月，果期8～11月。

园林观赏与设计：

　　梓树姿态伟岸挺秀，冠幅优美开展，树体端正，树影婆娑，枝条稀疏，层次感强，叶大荫浓，花繁果茂，具有较高的观赏价值，是集观姿、观花、观叶、观果于一体的优良园林造景树种。远看开黄白花，近观淡黄色花内有黄色条纹和紫色斑点，无数朵唇形花组成塔形圆锥花序，艳丽悦目，香气馥郁，十分美观；蒴果呈簇状长条形挂满树枝，下垂如箸，且果期长达半年以上，经冬不落，十分壮观。

　　梓树适于庭院、公园、校园、医院及广场绿地，孤植或散栽、对植、列植于公园入口或群植于风景区和休疗养院的山坡、草坪绿地、建筑物周围，配植在树丛中作上层骨干树种，或在亭廊轩榭及假山旁点缀，抑或是片植作为背景树，均优美雅观。

苦木科 Simaroubaceae

　　双子叶植物纲蔷薇亚纲的一科。本科共 20 属约 120 种，产全世界热带及亚热带地区，主要分布中心在美洲热带，中国有 4 属（臭椿属、苦树属、鸦胆子属、海人树属）约 10 种。臭椿是本科的代表树种，属于臭椿属，在宁夏生长较好且较常见，可作荒山造林的先锋树种，本书选取园林应用中较多且在宁夏常见的臭椿、红果臭椿进行介绍。

臭 椿　　　*Ailanthus altissima*
苦木科　Simaroubaceae　臭椿属 *Ailanthus*

红果臭椿（变种）　　*Ailanthus altissima* var. *erythrocarpa*
苦木科　Simaroubaceae　臭椿属 *Ailanthus*

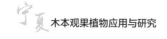
第一章
宁夏木本观果植物资源调查与多样性研究

　　宁夏地理环境特殊，植物资源较为丰富，从20世纪70年代起宁夏科技工作者就从宁夏主要两大山区六盘山和贺兰山引种栽培了大量的观赏树木。通过对宁夏观果植物文献的查阅，刘惠兰、袁志诚、张前进（1984)开展了对宁夏的野生果树资源的调查整理工作，并对利用价值较高、分布范围较广的果树给予详细描述。文章中提到的黄刺玫、沙枣、沙棘、花叶海棠等大部分野生果树如今都已被作为观果植物应用于园林当中；施立民（1995）对宁夏主要两山脉（贺兰山、六盘山）的野生果树进行了调查，调查研究表示主要有忍冬科、蔷薇科、小檗科、猕猴桃科以及枸杞、蒙古扁桃、陕甘花楸、旱榆、白刺等代表性观果植物；周全良、郭宏玲等人（2006）对宁夏地区野生的果树种质资源进行了分析研究。据统计，宁夏野生果树有126种，隶属于20科36属。同时，周全良、张全科等（2008，2010，2013，2014，2015）对宁夏野生木本观赏植物进行了统计，并编写了《宁夏野生木本植物名录》，以帮助人们能够简捷并系统的了解宁夏木本植物资源概况。除此之外，胡天华、王继飞、周全良（2009），杨治科、吴国平等（2009），罗乐、张启翔等（2010）分别对宁夏、贺兰山、六盘山等地的木本野生观赏植物资源进行了调查。可见观赏类和果树类植物资源的调查研究在宁夏较为广泛，但同时也发现，到目前为止大部分的研究多针对于野生观赏植物、野生果树以及城市绿化树种，系统、全面地反映宁夏地区木本观果植物种质资源现状调查研究的文献尚未见报道。随着木本观果植物在园林景观规划中以及城市生态环境建设中应用的越来越广泛，开展宁夏地区木本观果植物的调查与研究也显得非常重要。

1. 宁夏木本观果植物资源调查编目

　　根据调查结果及相关资料显示，宁夏地区共有木本观果植物334种（含亚种及变种），隶属39科90属；占宁夏高等植物总科数的30%，总属数的13.95%，总种数的17.5%（宁夏地区共有高等植物1909种，分属于130科645属）。其中，裸子植物4科8属14种，被子植物35科82属320种；乔木24科42属117种，灌木22科54属207种，木质藤本3科5属10种；从外地引种观果植物21科43属77种，乡土观果植物35科69属257种。宁夏地区果实具有观赏价值的植物种类数量相对较多，所分布植物具有食用、药用、饲用以及观赏和环境绿化等用途，存在较高的经济价值和生态价值。其中，应用于园林中的观果植物大多为引种栽培品种，还有大部分木本观果植物均为野生类，尚未开发利用。

　　宁夏木本观果植物主要资源名录见附录一。

2. 宁夏木本观果植物多样性分析

2.1 木本观果植物分类群分析

　　宁夏木本观果植物资源中主要集中在被子植物类，有35科82属320种，占总种数

95.81%，裸子植物仅4科8属14种，占总种数的4.19%（表1-1）。主要原因是宁夏地处西北干旱半干旱区，立地条件和气候环境不适合多数针叶植物生长；此外，自然界中裸子植物数量本身要少于被子植物，另一方面作为应用于园林景观的植物，被子植物的观赏价值要高于裸子植物，故应用也较多。

表1-1 宁夏木本观果植物大类群统计

类群	科数	占总科数的%	属数	占总属数的%	种数	占总种数的%
裸子植物	4	10.26	8	8.89	14	4.19
被子植物	35	89.74	82	91.11	320	95.81

2.1.1 科的多样性

木本观果植物种数以蔷薇科最多，其次是忍冬科、小檗科、卫矛科、鼠李科、虎耳草科、槭树科、豆科、五加科、葡萄科。前10科共有41属245种，占全部属的45.56%，全部种73.35%的。其中含10种以上的科共9科；含9～5种的9科；含4～2种的共15科；仅含1种的6科（表1-2）。由此可见，植物集中于几个大科的现象非常明显。

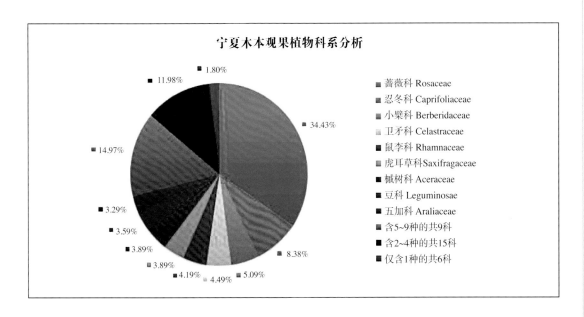

表1-2 宁夏木本观果植物科的大小排序

序号	科名	属数	占总属数%	种数	占总种数%	变种/亚种
1	蔷薇科 Rosaceae	16	17.78	115	34.43	11
2	忍冬科 Caprifoliaceae	4	4.44	28	8.38	1/1
3	小檗科 Berberidaceae	1	1.11	17	5.09	1
4	卫矛科 Celastraceae	2	2.22	15	4.49	3
5	鼠李科 Rhamnaceae	2	2.22	14	4.19	2
6	虎耳草科 Saxifragaceae	1	1.11	13	3.89	2
7	槭树科 Aceraceae	1	1.11	13	3.89	5
8	豆科 Leguminosae	9	10.00	12	3.59	
9	五加科 Araliaceae	2	2.22	11	3.29	3
10	葡萄科 Vitaceae	3	3.33	7	2.10	2/1
11	胡颓子科 Elaeagnaceae	3	3.33	6	1.80	

（续）

序号	科名	属数	占总属数%	种数	占总种数%	变种/亚种
12	蓼科 Ploygonaceae	1	1.11	6	1.80	
13	木犀科 Oleaceae	4	4.44	6	1.80	1
14	椴树科 Tiliaceae	1	1.11	5	1.50	1
15	桦木科 Betulaceae	3	3.33	5	1.50	1
16	麻黄科 Ephedraceae	1	1.11	5	1.50	
17	山茱萸科 Cornaceae	2	2.22	5	1.50	
18	松科 Pinaceae	3	3.33	5	1.50	1
19	蒺藜科 Zygophyllaceae	2	2.22	4	1.20	
20	茄科 Solanaceae	1	1.11	4	1.20	1
21	漆树科 Anacardiaceae	2	2.22	3	0.90	
22	柏科 Cupressaceae	3	3.33	3	0.90	
23	桑科 Moraceae	2	2.22	3	0.90	
24	榆科 Ulmaceae	2	2.22	3	0.90	
25	胡桃科 Juglandaceae	2	2.22	3	0.90	
26	藜科 Chenopodiaceae	2	2.22	3	0.90	
27	瑞香科 Thymelaeaceae	1	1.11	2	0.60	
28	无患子科 Sapindaceae	2	2.22	2	0.60	
29	芸香科 Rutaceae	2	2.22	2	0.60	
30	紫葳科 Bignoniaceae	1	1.11	2	0.60	
31	壳斗科 Fagaceae	1	1.11	2	0.60	
32	毛茛科 Ranunculaceae	1	1.11	2	0.60	
33	猕猴桃科 Actinidiaceae	1	1.11	2	0.60	
34	苦木科 Simaroubaceae	1	1.11	1	0.30	
35	木兰科 Magnoliaceae	1	1.11	1	0.30	
36	省沽油科 Staphyleaceae	1	1.11	1	0.30	
37	悬铃木科 Platanaceae	1	1.11	1	0.30	
38	银杏科 Ginkgoaceae	1	1.11	1	0.30	
39	樟科 Lauraceae	1	1.11	1	0.30	
	含5种以上的共18科	59	65.56	288	86.21	34/2
	含2~4种的共15科	25	27.78	40	11.98	1
	仅含1种的共6科	6	6.67	6	1.80	
合计	39科	90	100	334	100	35/2

此外，木本观果植物39科中，含5属以上的科仅有蔷薇科和豆科，共计25属，127种，占宁夏所有木本观果植物属数的27.78%，种数的38.02%（表1-3），即以5.13%的科，包含了约1/3的属，也表明了植物集中分布于大科的特点。

表1-3　宁夏木本观果植物科内属的数量分布

所含属数	科		属		种	
	数量	占总数%	数量	占总数%	数量	占总数%
含15属以上	1	2.56	16	17.78	115	34.43
5~9属	1	2.56	9	10.00	12	3.59
2~4属	19	48.72	47	52.22	128	38.32
1属	18	46.15	18	20.00	79	23.65

2.1.2 属的多样性

宁夏木本观果植物共有90属，含物种最多的属是苹果属（25种），其次是忍冬属（18种）、蔷薇属（18种）、枸子属（17种）、小檗属（17种）、卫矛属（14种）、茶藨子属（13种）、槭树属（13种）、五加属（10种）。上述含10种以上的属共9属，145种，占全部木本观果植物种的43.41%（表1-4、1-5）。大部分的属仅含1～4种，占全部属的77.78%，所含物种占全部种的34.43%，属的分析结果表明，少数属和单种属在宁夏木本观果植物中占有绝对优势，说明宁夏木本观果植物分类群特征表现出一定的多样性。

表1-4 宁夏木本观果植物属内所含种数统计

	属		种	
	数量	占总数%	数量	占总数%
含20种以上	1	1.11	25	7.49
10～19种	8	8.89	120	35.93
5～9种	11	12.22	74	22.46
2～4种	28	31.11	73	21.86
1种	42	46.67	42	12.57

表1-5 宁夏木本观果植物含5种以上属的排序

属名	种数	属名	种数
1.苹果属 Malus	25	11.悬钩子属 Rubus	9
2.忍冬属 Lonicera	18	12.梨属 Pyrus	8
3.蔷薇属 Rosa	18	13.杏属 Amygdalus	8
4.枸子属 Cotoneaster	17	14.樱属 Cerasus	7
5.小檗属 Berberis	17	15.沙拐枣属 Calligonum	6
6.卫矛属 Euonymus	14	16.荚蒾属 Viburnum	6
7.茶藨子属 Ribes	13	17.李属 Prunus	6
8.槭树属 Acer	13	18.椴树属 Tilia	5
9.五加属 Acanthopanax	10	19.枣属 Ziziphus	5
10.鼠李属 Rhamnus	9	20.麻黄属 Ephedra	5
合 计	20属219种		

2.2 木本观果植物生活型分析

宁夏木本观果植物中，乔木类观果植物总计117种，占35.03%；灌木类观果植物总计207种，占61.98%；藤本类观果植物总计10种，占2.99%（表1-6）。乔、灌、藤的比例约为12:21:1，乔木与灌木的比例约为1:1.8，可见，灌木类>乔木类>藤本类。这种组成与所处的地理位置及气候环境有关，宁夏地处中温带与暖温带之间，地带性植被区划为中温带半荒漠、荒漠植被带和暖温带草原植被带，观果植物的生活型正反映了这一气候带的特征。

乔木类观果植物中，常绿树种主要有：圆柏、侧柏、华山松、油松、樟子松、青海云杉等。落叶树种主要有：胡桃、榆树、桑树、银杏、沙枣、槐树、山楂、山桃、杏、苹果、花红、紫藤、丝棉木、洋白蜡、梓树、复叶槭、臭椿、皂荚、杜梨、华椴、文冠果等。

灌木中，常绿树种主要有：沙冬青、四翅滨藜等。落叶树种主要有：中麻黄、川榛、沙拐枣、秦岭小檗、西北枸子、水枸子、腺齿蔷薇、贴梗海棠、陕甘花楸、蒙古扁桃、西部沙樱、霸王、毛樱桃、欧李、盐豆木、卫矛、鼠李、宁夏枸杞、北五味子、糖茶藨子、黄刺玫、榆叶梅、柠条锦鸡儿、岩生忍冬、鞑靼忍冬、白雪果等。

藤本类主要木本观果植物有：五叶地锦、爬山虎、紫藤、葡萄等，以及具有观赏价值的野生植物有乌头叶蛇葡萄、四萼猕猴桃、少毛复叶蛇葡萄等。

表1-6 宁夏木本观果植物不同生活型统计

生活类型	乔木	灌木	木质藤本
科、属、种	24，42，117	22，54，207	3，5，10
占总数的%	61.54，46.67，35.03	56.41，60.0，61.98	7.69，5.56，2.99

2.3 木本观果植物果实类型分析

观果植物的果实的类型影响果实的观赏价值，果实类型的多样性带来园林景观的多样性，将宁夏木本观果植物按果实类型进行划分，共计15种，分别为核果、浆果、梨果、蒴果、翅果、蔷薇果、坚果、球果等，其中裸子植物的球果类按观赏性表现类型又细划为3种（表1-7）。

表1-7 宁夏木本观果植物不同果实类型统计

果实类型	科数	占总科数%	属数	占总属数%	种数	占总种数%
核果	12	30.77	23	25.56	84	25.15
浆果	9	23.08	11	12.22	64	19.16
梨果	1	2.56	7	7.78	59	17.66
蒴果	5	12.82	8	8.89	23	6.89
翅果	4	10.26	5	5.56	21	6.29
蔷薇果	1	2.56	1	1.11	18	5.39
坚果	3	7.69	7	7.78	13	3.89
荚果	1	2.56	8	8.89	12	3.59
聚合果	3	7.69	3	3.33	11	3.29
球果	2	5.13	5	5.56	8	2.40
瘦果	2	5.13	2	2.22	8	2.40
球果（肉质苞片）	1	2.56	1	1.11	5	1.50
胞果	1	2.56	2	2.22	3	0.90
聚花果	1	2.56	1	1.11	2	0.60
蓇葖果	1	2.56	1	1.11	1	0.30
隐花果	1	2.56	1	1.11	1	0.30
球果（白果）	1	2.56	1	1.11	1	0.30

15种果实类型中，占宁夏木本观果植物果实类型最多的是核果，总计84种（12科/23属），占总种数的25.15%。其次为浆果（64种，9/11，占总数19.16%）、梨果（59种，1/7，占总数17.66%）、蒴果（23种，5/8，占总数6.89%）、翅果（21种，4/5，占总数6.29%）、蔷薇果（18种，1/1，占总数5.39%）。上述含15种以上的果实类型共6类，总计269种，占总种数的80.54%。这与宁夏木本观果植物集中分布于蔷薇科、忍冬科、小檗科、卫矛科等几个大科有关。除此之外，单种和少数种的果实类型，在宁夏木本观果植物中也都占有一定的比例。可见，宁夏木本观果植物果实类型丰富，分布种类多样，印证了宁夏地区木本观果植物多样性的特点。

核果类观果植物主要有：胡桃、蒙古扁桃、碧桃、锐齿臭樱、蕤核、杏、白刺、火炬树、稠李、漆树、刺毛樱桃、酸枣、小叶鼠李、鸡树条荚蒾、红瑞木、沙棘、华椴、短柄五加、接骨木、白雪果等。

浆果类主要有：匙叶小檗、黄芦木（阿穆尔小檗）、香茶藨子、刺果茶藨子、葡萄、乌头叶蛇葡萄、五叶地锦、软枣猕猴桃、黄瑞香、宁夏枸杞、黑果枸杞、葱皮忍冬、小叶忍冬等。

梨果类主要有：水栒子、西北栒子、灰栒子、匍匐栒子、山楂、杜梨、苹果、山荆子、甘肃海棠等。

蒴果类主要有：矮卫矛、丝棉木、栓翅卫矛、霸王、南蛇藤、膀胱果、栾树、连翘、暴马丁香、梓树等。

翅果类主要有：枫杨、榆树、臭椿、茶条槭、元宝枫、青榨槭、洋白蜡、白蜡、雪柳等。

蔷薇果主要是指蔷薇科蔷薇属一类的果实，有峨眉蔷薇、腺齿蔷薇、美蔷薇、西北蔷薇等。

坚果类主要有：榛、毛榛、鹅耳枥、虎榛子、辽东栎、沙枣、银水牛果、沙棘等。

荚果类主要有：皂荚、紫荆、槐树、白刺花、紫藤、盐豆木、柠条锦鸡儿等。

聚合果主要有：北五味子、二球悬铃木、刺悬钩子、菰帽悬钩子、覆盆子、茅莓等。

球果类主要有：杜松、圆柏、华山松、油松、华北落叶松、青海云杉等。

还有，球果类（肉质苞片）主要有：草麻黄、中麻黄、膜果麻黄。

球果类（白果）：只有银杏科银杏属的银杏。

瘦果类主要有：乔木状沙拐枣、沙拐枣、灌木铁线莲等。

胞果类主要有：四翅滨藜、木本猪毛菜等。

聚花果主要为：桑科桑属的桑树以及龙桑。

菁葖果只有芸香科花椒属的花椒。

隐花果只有桑科榕属的无花果。

2.4 木本观果植物果实颜色分析

果实颜色也是构成观果植物观赏特性的重要指标，果实颜色决定了观果植物的主要观赏地位。其具有多样性和渐变性，大自然中，不同种植物的果实颜色会有差异，五彩缤纷；同一种植物的果实颜色也会因气候、环境等因素而变化，除此之外，人对色彩的主观认知对果实颜色的判断也有影响。故本文根据果实最主要的观赏颜色大致划分为7种，分别是：红色系、黑色系、绿色系、黄色系、棕色系、白色系、蓝色系。

表1-8 宁夏木本观果植物不同果实颜色统计

果实颜色	科数	占总科数%	属数	占总属数%	种数	占总种数%
红色系	22	56.41	38	42.22	183	54.79
黑色系	11	28.21	18	20.00	52	15.57
绿色系	14	35.90	24	26.67	39	11.67
黄色系	11	28.21	15	16.67	26	7.78
棕色系	9	23.08	15	16.67	22	6.89
白色系	4	10.26	4	4.44	7	2.10
蓝色系	3	5.13	5	4.44	5	1.20

注：相近颜色归为一类，如紫黑、蓝黑等均为黑色系，橘色、橘黄、黄色均为黄色系，蓝绿色为蓝色系，黄绿色为绿色系等。

由表1-8可以看出，木本观果植物中，种数最多的果实颜色为红色系，达183种，隶属

22科38属，占总种数54.79%，占总科数56.41%，是比重最大的色系，主要分布在蔷薇科（83种）、忍冬科（21种）、小檗科（17种）、卫矛科（14种）和虎耳草科（10种），5科共有145种，占红色系果种数的79.23%。观赏价值较高的有：腺齿蔷薇、黄刺玫、甘肃山楂、水枸子、甘肃小檗、红叶小檗（紫叶小檗）、丝棉木、宁夏枸杞、红雪果、鞑靼忍冬、香荚蒾、茶条槭等。

其次为黑色系果——共有11科、18属、24种，占总种数15.57%，观赏价值较高的有：桑树、黑果枸子、稠李、金刚鼠李、爬山虎、短柄五加、毛梾、黑果枸杞、金银花（忍冬）等。

绿色系果——14科、24属、39种，占11.68%，观赏价值较高的有：华山松、胡桃、榆树、紫藤、霸王、槐树等。

黄色系果——11科、15属、26种，占7.78%，观赏价值较高的有：银杏、二球悬铃木、杏、沙棘、洋白蜡等。

棕色系果——9科、15属、22种，占6.89%，观赏价值较高的有：榛、夏橡、皂荚、杜梨等。

白色系、蓝色系最少，仅占总种数3.30%，白色系观赏价值较高的有：红瑞木、白雪果、灌木铁线莲、北京花楸等。

蓝色系果观赏价值较高的有黑刺李、圆柏等。

通过对果实颜色的分析发现，宁夏木本观果植物的果实颜色主要以红色为主，其中大部分黑色系果实，也皆是由红色逐渐转变而来，这与自然界中红色系果实相对其他颜色分布较为广泛密不可分。

2.5 木本观果植物观果期分析

二十四节气是中国独创的用来描述季节物候和气候变化特征的文化遗产。春分（3月20或21日）、夏至（6月21或22日）、秋分（9月22或23日）、冬至（12月21或22日）分别代表着春天、夏天、秋天、冬天的开始，是根据太阳位置特征而确定的，具有天文学意义，可用于全国。本文参考此依据进行季节划分。

由此，对果实的最佳观赏期进行分类，分为四个部分：春季（3月下旬至6月上旬），夏季（6月下旬至9月上旬），秋冬季（9月下旬至3月上旬）及全年进行划分：

表1-9 宁夏木本观果植物不同观赏期统计

观赏期	科数	占总科数%	属数	占总属数%	种数	占总属数%
春季	7	17.95	8	8.89	11	3.29
夏季	31	79.49	56	62.22	199	59.58
秋冬季	30	76.92	48	53.33	110	32.93
全年	5	12.82	8	8.89	14	4.19

注：以果实最佳观赏期为主，全年为果实观赏期能持续6个月及以上。

由表1-9可以看出，宁夏木本观果植物中，果实观赏期在夏季的种类最多，共计199种，隶属31科56属，占总种数59.58%，总科数79.49%，主要分布在蔷薇科（73种）、忍冬科（13种）、虎耳草科（12种）、槭树科（12种）、小檗科（11种），5科共有121种植物，占夏季总种数60.80%。代表性植物有：草麻黄、陕西小檗、北五味子、水枸子、贴梗海棠、黄刺玫、毛樱桃、霸王、复叶槭、文冠果、白蜡、宁夏枸杞、桦叶荚蒾等。

其次为秋冬季，共计110种，隶属30科48属，占总种数32.93%。主要分布在蔷薇科（33种）和忍冬科（14种）两科，占秋冬季总种数42.73%，代表性植物有：银杏、华山松、夏橡 、红叶小檗（紫叶小檗）、二球悬铃木、西北枸子、山楂、沙枣、腺齿蔷薇、紫藤、丝棉木、葡萄 、黑果枸杞、葱皮忍冬、白雪果等。

春季最少，11种，仅占总种数3.29%，主要有榆树、桑树、沙拐枣等。

全年观果植物中大部分为裸子植物和蔷薇科的北美海棠，占总种数的4.19%，如圆柏、侧柏、油松、青海云杉、火炬树、'印第安魔力'海棠等。分析可知，由于宁夏位于西北地区，春季气温低，时间段较短，所以这一时期观果植物稀少，夏季、秋冬季较长，平均气温呈增温趋势，因此观果植物较多，观果期较长。除此之外，很多果实能够经冬不落故而可供全年观赏。

2.6 木本观果植物来源分析

在前人的研究基础上，查阅大量相关文献结合实际调查情况，以物种来源为划分依据，把宁夏木本观果植物分为引种和乡土两类，并对其应用进行分类分析。

表1-10 宁夏木本观果植物来源统计表

植物来源	科数	占总科数%	属数	占总属数%	种数	占总种数%
乡土树种	35	89.74	69	76.67	257	76.95
引种树种	21	53.85	43	47.78	77	23.05

表1-11 宁夏木本观果植物应用统计表

来源类型	乡土树种			引种树种		
	园林	经济	野生	园林	经济	未应用
科，%	11，28.20	9，23.08	31，79.49	17，43.60	5，12.82	8，20.51
属，%	19，21.11	15，16.67	57，63.33	32，35.56	6，6.67	10，11.11
种，%	23，6.89	26，7.78	208，62.27	58，17.36	6，1.80	12，3.59

统计分析发现（表1-10、1-11），宁夏木本观果植物中，乡土树种有257种，占总种数76.95%，总科数89.74%；外来树种有77种，占总种数23.05%，总科数53.85%，引种与乡土比例为1:3.3。乡土木本观果植物中广泛应用于园林的有23种，占总种数6.89%，如圆柏、侧柏、榆树、龙桑、山楂、黄刺玫、沙枣、复叶槭、香荚蒾等；作为经果林的有26种，占总种数7.78%，如胡桃、桑树、白梨、苹果、桃、李、杏、欧李、枣、葡萄、沙棘、宁夏枸杞等；野生的有208种，占总种数62.27%，如草麻黄、野胡桃、松潘小檗、北五味子、狭果茶藨子、细弱枸子、毛山楂、甘肃海棠、刺梗蔷薇、覆盆子、蕤核、毛樱桃、盐豆木、白刺、霸王、矮卫矛、鼠李、少毛复叶葡萄、黄瑞香、牛奶子、短柄五加、毛梾、岩生忍冬、桦叶荚蒾等。引种木本观果植物中广泛应用于园林中的有58种，占总种数17.36%，如银杏、枫杨、红叶小檗（紫叶小檗）、二球悬铃木、平枝枸子、火炬树、胶东卫矛、五叶地锦、梓树以及各类北美海棠等；作为经济树种的有6种，占总种数1.80%，分别是无花果、花红、花椒、金银忍冬（金银木）、西康扁桃等，其中四翅滨藜作为盐碱地改良树种，具有饲用价值。还有12种未得到广泛应用，占总种数3.59%，如黑刺李、樱桃李、黄檗、山茱萸、长白忍冬、鞑靼忍冬等。

可见，宁夏木本观果植物中，作为经果林的乡土植物较多，但广泛应用于园林中的大部分为外来引种植物，仍有大部分的乡土植物未得到开发利用。

3. 小结

（1）宁夏共有木本观果植物334种，隶属39科90属；其中裸子植物4科8属14种，被子植物35科82属320种；其中以蔷薇科包含的种、属最多，其次为豆科、忍冬科、木犀科等。造成这种现象的主要原因与蔷薇科是世界性大科，广泛分布于北半球温带，大部分果实均具有可观性有关。

（2）宁夏木本观果植物的生活类型，受气候条件影响，带有典型中温带与暖温带植被的特点。乔：灌：藤的比例约为12:21:1，乔木与灌木的比例约为1:1.8。木质藤本类观果植物所占比重最少，乔木种类较少，大约只有灌木种类的1/2，这种观果植物生活类型组成，在一定程度限制了宁夏园林景观的多样性。建议适当增加乔木类观果植物的选择，增加垂直绿化类观果植物的开发引种工作。

（3）依据木本观果植物的观赏特性，通过对果实类型、果实颜色、观果期三个方面进行统计分析。结果表明：木本观果植物中在果实类型方面，果实为核果的种类最多，总计84种，分属于12科23属，占总种数的25.15%，其次为浆果、梨果；果实颜色方面则是以红色果为主，达183种，占总种数54.79%，占总科数56.41%；观果期与宁夏地处西北有关，夏季树种最多，199种，其次为秋冬季，110种，两者共占总种数92.51%，春季最少，仅有11种。

可见，果实类型集中于大科的现象不突出，果实类型分布较为多样。但果实颜色过于集中于红色系果，随着人们对园林景观多样性的要求越来越高，建议增加果色相对较少的白色、蓝色系果植物，进而丰富园林景观色彩的多样性。另外，可适当提高春季观果树种的选择，从而改善"春暖而景滞后"的情况，改善春季景观单调的状况。

（4）宁夏木本观果植物中，引种植物77种，乡土植物257种，二者比例约为1:3.3，其中应用于园林中的引种植物就有58种，乡土树种只有23种，二者比例约为1:0.4。可见，乡土木本观果植物种类较多，但应用于园林中的却很少，需加强对乡土木本观果植物的开发利用，适地适树，乡土木本观果植物的大量应用一定能够丰富宁夏木本观果植物的多样性，增加地方特色，形成特有景观。

第二章
宁夏木本观果植物观赏性评价

1. 本书中木本观果植物观赏性评价

对本书收录的33个属的65个观果植物树种进行观赏性评价，以大众的评判标准与审美角度，按照盛果期果色、挂果期时间、果量及分布三个评价指标，通过民意调查问卷的方式进行评分划分等级，其结果如表2-1。

表2-1 宁夏常用木本观果植物观赏性评价排序

排名	植物名称	拉丁名	科	P1盛果期果色	P2挂果期时间	P3果量及分布	总分	总分	观赏性等级
1	现代海棠	*Malus* cv. American	蔷薇科	9	5	4	18	6.00	I
2	金银木	*Lonicera maackii*	忍冬科	9	3	4	16	5.33	I
3	鞑靼忍冬	*Lonicera tatarica*	忍冬科	9	3	5	17	5.67	I
4	西府海棠	*Malus micromalus*	蔷薇科	6	2	4	12	4.00	I
5	西部沙樱	*Cerasus pumila* var. *besseyi*	蔷薇科	8	5	4	17	5.67	I
6	毛樱桃	*Cerasus tomentosa*	蔷薇科	8	5	4	17	5.67	I
7	云南樱桃	*Cerasus yunnanensis*	蔷薇科	8	5	4	17	5.67	I
8	尖叶茶藨子	*Ribes maximowiczianum*	虎耳草科	9	3	5	17	5.67	I
9	岩生忍冬	*Lonicera rupicola*	忍冬科	9	3	4	16	5.33	I
10	金花忍冬	*Lonicera chrysantha*	忍冬科	8	3	5	16	5.33	I
11	唐古特忍冬	*Lonicera tangutica*	忍冬科	9	2	5	16	5.33	I
12	长白忍冬	*Lonicera ruprechtiana*	忍冬科	8	3	5	16	5.33	I
13	宁夏枸杞	*Lycium barbarum*	茄科	9	3	4	16	5.33	I
14	欧李	*Cerasus humilis*	蔷薇科	9	3	4	16	5.33	I
15	陕甘花楸	*Sorbus koehneana*	蔷薇科	7	5	4	16	5.33	I
16	垂丝海棠	*Malus halliana*	蔷薇科	9	2	4	15	5.00	I
17	水栒子	*Cotoneaster multiflorus*	蔷薇科	9	2	4	15	5.00	I
18	葱皮忍冬	*Lonicera ferdinandii*	忍冬科	9	2	4	15	5.00	I
19	蓝叶忍冬	*Lonicera korolkowii*	忍冬科	9	2	4	15	5.00	I
20	沙棘	*Hippophae rhamnoides*	胡颓子科	6	4	5	15	5.00	I
21	丝棉木	*Euonymus maackii*	卫矛科	8	3	4	15	5.00	I
22	茶条槭	*Acer ginnala*	槭树科	8	3	4	15	5.00	I
23	平枝栒子	*Cotoneaster horizontalis*	蔷薇科	7	2	5	14	4.67	II
24	小叶忍冬	*Lonicera microphylla*	忍冬科	8	2	4	14	4.67	II
25	香荚蒾	*Viburnum farreri*	忍冬科	9	2	3	14	4.67	II
26	鸡树条荚蒾	*Viburnum opulus* var. *calvescens*	忍冬科	8	2	4	14	4.67	II

（续）

排名	植物名称	拉丁名	科	P1盛果期果色	P2挂果期时间	P3果量及分布	总分	总分	观赏性等级
27	贴梗海棠	*Chaenomeles speciosa*	蔷薇科	7	3	4	14	4.67	II
28	黄刺玫	*Rosa xanthina*	蔷薇科	9	4	1	14	4.67	II
29	桦叶荚蒾	*Viburnum betulifolium*	忍冬科	9	2	3	14	4.67	II
30	红叶小檗	*Berberis thunbergii* var. *atropurpurea*	小檗科	7	4	3	14	4.67	II
31	枣	*Ziziphus jujuba*	鼠李科	7	3	4	14	4.67	II
32	李	*Prunus salicina*	蔷薇科	8	3	3	14	4.67	II
33	臭椿	*Ailanthus altissima*	苦木科	6	4	4	14	4.67	II
34	红果臭椿	*Ailanthus altissima* var. *erythrocarpa*	苦木科	7	3	4	14	4.67	II
35	火炬树	*Rhus typhina*	漆树科	7	3	3	13	4.33	II
36	山荆子	*Malus baccata*	蔷薇科	7	2	4	13	4.33	II
37	西北栒子	*Cotoneaster zabelii*	蔷薇科	7	2	4	13	4.33	II
38	毛叶水栒子	*Cotoneaster submultiflorus*	蔷薇科	7	2	4	13	4.33	II
39	白雪果	*Symphoricarpos albus*	忍冬科	4	4	5	13	4.33	II
40	牛奶子	*Elaeagnus umbellata*	胡颓子科	7	2	4	13	4.33	II
41	沙枣	*Elaeagnus angustifolia*	胡颓子科	5	3	5	13	4.33	II
42	新疆大沙枣	*Elaeagnus moovcroftii*	胡颓子科	5	3	5	13	4.33	II
43	山杏	*Armeniaca sibirica*	蔷薇科	8	2	3	13	4.33	II
44	山楂	*Crataegus pinnatifida*	蔷薇科	7	2	4	13	4.33	II
45	白梨	*Pyrus bretschneideri*	蔷薇科	8	2	3	13	4.33	II
46	栓翅卫矛	*Euonymus phellomanus*	卫矛科	8	2	2	12	4.00	II
47	球花荚蒾	*Viburnum glomeratum*	忍冬科	7	1	4	12	4.00	II
48	甘肃山楂	*Crataegus kansuensis*	蔷薇科	7	1	4	12	4.00	II
49	腺齿蔷薇	*Rosa albertii*	蔷薇科	7	2	3	12	4.00	II
50	黑刺李	*Prunus spinosa*	蔷薇科	6	3	3	12	4.00	II
51	洋白蜡	*Fraxinus pennsylvanica*	木犀科	4	3	4	11	3.67	III
52	接骨木	*Sambucus williamsii*	忍冬科	3	3	4	10	3.33	III
53	银水牛果	*Shepherdia argentea*	胡颓子科	5	2	3	10	3.33	III
54	梓树	*Catalpa ovata*	紫葳科	1	4	5	10	3.33	III
55	陕西卫矛	*Euonymus schensianus*	卫矛科	1	5	3	9	3.00	III
56	复叶槭	*Acer negundo*	槭树科	1	5	3	9	3.00	III
57	皂荚	*Gleditsia sinensis*	豆科	1	5	3	9	3.00	III
58	胡桃	*Juglans regia*	胡桃科	1	3	5	9	3.00	III
59	文冠果	*Xanthoceras sorbifolia*	无患子科	1	3	4	8	2.67	IV
60	北美稠李	*Padus virginiana*	蔷薇科	3	2	2	7	2.33	IV
61	稠李	*Padus racemosa* var. *pubescens*	蔷薇科	3	2	2	7	2.33	IV
62	树锦鸡儿	*Caragana arborescens*	豆科	1	2	4	7	2.33	IV
63	胶东卫矛	*Euonymus kiautschovicus*	卫矛科	1	2	3	6	2.00	IV
64	五角枫	*Acer mono*	槭树科	1	2	3	6	2.00	IV
65	北海道黄杨	*Euonymus japonicus*	卫矛科	1	2	2	5	1.67	V

2. 宁夏地区园林中未广泛应用的木本观果植物观赏性评价

2.1 评价资源及方法

2.1.1 评价资源

通过对宁夏木本观果植物的调查与整理，共有39科90属334种，从334种木本观果植物中筛选出观赏价值更为突出的85种（隶属于54属27科）植物作为评价对象，缩小本次评价研究的范围。具体做法是只针对现有园林中未广泛应用、未作经济林广泛种植栽培的木本观果植物进行筛选，并确立以下两个原则：

（1）同科同属的多种植物，果实观赏价值和植株的生态习性较为雷同，评分极其接近,若均进行评价，意义不大，故只选取属中最具代表性的1～6种植物进行评价。

（2）85种木本观果植物中全部为乔木和灌木。藤本植物的评价指标有别于乔木和灌木，且资源种类较少，其推荐种类和观赏特性已在第三章中提及，故评价中无藤本植物，但如刺悬钩子等蔓性灌木类都在评价之列。

所评价的85种木本观果植物中以野生植物为主，也包括少量在当地极有特色和前景的引种栽培树种。

2.1.2 评价方法

以科学、客观、合理、适用的评价体系为原则，同时避免人的主观性对研究目标的影响，采用目前园林学科对植物观赏性评价中最为常见、认可的层次分析法（AHP）进行评价。

根据观赏性体系构建的基本原则，查阅大量相关文献资料，咨询相关领域的专家，结合宁夏木本观果植物的特性，选择果实观赏价值、开发利用价值、生态学特性三个方面作为制约评价因素，总结出了果实大小、果量及分布、果实颜色、果最佳观赏期、果实形状、果实类型、繁育难易程度、用途、资源储量、生活型、生长量和水分需求量共计12个指标进行评价，其中果实颜色、果量及分布、果最佳观赏期作为主要评价指标。

根据专业书籍中对木本观果植物的科学描述，以及资料、照片等评价依据，咨询相关领域专家、老师、相关专业研究生及园林植物设计工作者，采取了打分制的方法进行评分：将每一种评价因子划分为5个等级，按照5分制标准，从优到劣依次为5～1分，除去最高分和最低分后，求平均值，获得的该平均值即为某种木本观果植物的观赏价值综合评分。

2.2 综合评价得分与排序

通过查阅《宁夏植物志》以及相关文献，结合对宁夏木本观果植物的资源调查，总结出宁夏地区应用较少或暂无应用的木本观果植物 85 种。采用 AHP 层次分析法与专家咨询打分相结合的方法对宁夏木本观果植物进行了观赏性评价，计算出 85 种宁夏木本观果植物的总终得分并排名，其结果如表2-2。

表2-2　85种园林中未广泛应用的宁夏木本观果植物综合得分及排序

排名	植物名称	拉丁名	科	总分	等级
1	'印第安魔力' 海棠	*Malus* 'India Magic'	蔷薇科	3.9782	I
2	欧李	*Cerasus humilis*	蔷薇科	3.9643	I
3	西部沙樱	*Cerasus pumila* var. *besseyi*	蔷薇科	3.9453	I
4	葱皮忍冬	*Lonicera ferdinandii*	忍冬科	3.8511	I

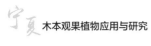
（续）

排名	植物名称	拉丁名	科	总分	等级
5	毛樱桃	*Cerasus tomentosa*	蔷薇科	3.8174	I
6	灰栒子	*Cotoneaster acutifolius*	蔷薇科	3.8013	I
7	腺齿蔷薇	*Rosa albertii*	蔷薇科	3.7907	I
8	岩生忍冬	*Lonicera rupicola*	忍冬科	3.7109	I
9	平枝栒子	*Cotoneaster horizontalis*	蔷薇科	3.7077	I
10	短柄稠李	*Padus brachypoda*	蔷薇科	3.6838	I
11	稠李	*Padus racemosa* var. *pubescens*	蔷薇科	3.6838	I
12	甘肃山楂	*Crataegus kansuensis*	蔷薇科	3.6809	I
13	西北栒子	*Cotoneaster zabelii*	蔷薇科	3.6706	I
14	山里红	*Crataegus pinnatifida* var. *major*	蔷薇科	3.6430	I
15	陕甘花楸	*Sorbus koehneana*	蔷薇科	3.6269	I
16	金花忍冬	*Lonicera chrysantha*	忍冬科	3.6226	I
17	蕤核	*Prinsepia uniflora*	蔷薇科	3.6206	I
18	靼鞑忍冬	*Lonicera tartarica*	忍冬科	3.6123	I
19	长白忍冬	*Lonicera ruprechtiana*	忍冬科	3.6020	I
20	天目琼花	*Viburnum opulus* var. *calvescens*	忍冬科	3.5802	II
21	红雪果	*Symphoricarpos orbiculatus* 'Red Snowberry'	忍冬科	3.5131	II
22	白刺	*Nitraria tangutorum*	蒺藜科	3.4913	II
23	香荚蒾	*Viburnum farreri*	忍冬科	3.4800	II
24	小叶茶藨子	*Ribes pulchellum*	虎耳草科	3.4365	II
25	匙叶小檗	*Berberis vernae*	小檗科	3.4315	II
26	白雪果	*Symphoricarpus albus*	忍冬科	3.4257	II
27	西南樱桃	*Cerasus duclouxii*	蔷薇科	3.4248	II
28	伞房蔷薇	*Rosa corymbulosa*	蔷薇科	3.4187	II
29	尖叶茶藨子	*Ribes maximowiczianum*	虎耳草科	3.4108	II
30	牛奶子	*Elaeagnus umbellata*	胡颓子科	3.3898	II
31	黄芦木	*Berberis amurensis*	小檗科	3.3800	II
32	峨眉蔷薇	*Rosa omeiensis*	蔷薇科	3.3790	II
33	贴梗海棠	*Chaenomeles speciosa*	蔷薇科	3.3549	II
34	栾树	*Koelreuteria paniculata*	无患子科	3.3497	II
35	秦岭小檗	*Berberis circumserrata*	小檗科	3.3429	II
36	接骨木	*Sambucus williamsii*	忍冬科	3.3236	II
37	黑刺李	*Prunus spinosa*	蔷薇科	3.3201	II
38	蒙古扁桃	*Amygdalus mongolica*	蔷薇科	3.2888	III
39	卫矛	*Euonymus alata*	卫矛科	3.2817	III
40	钝叶鼠李	*Rhamnus maximovicziana*	鼠李科	3.2796	III
41	酸枣（变种）	*Ziziphus jujuba* var. *spinosa*	鼠李科	3.2543	III
42	银水牛果	*Shepherdia argentea*	胡颓子科	3.2372	III
43	银果胡颓子	*Elaeagnus magna*	胡颓子科	3.1436	III
44	茶条槭	*Acer ginnala*	槭树科	3.1217	III
45	蓝靛果忍冬	*Lonicera caerulea*	忍冬科	3.1216	III
46	元宝枫	*Acer truncatum*	槭树科	3.1212	III
47	辽东楤木	*Aralia elata*	五加科	3.0759	III

（续）

排名	植物名称	拉丁名	科	总分	等级
48	树锦鸡儿	*Caragana arborescens*	豆科	3.0713	III
49	刺悬钩子	*Rubus pungens*	蔷薇科	3.0579	III
50	沙拐枣	*Calligonum mongolicum*	蓼科	3.0490	III
51	辽东栎	*Quercus wutaishanica*	壳斗科	3.0127	III
52	短柄五加	*Eleutherococcus brachypus*	五加科	2.9823	IV
53	置疑小檗	*Berberis dubia*	小檗科	2.9659	IV
54	霸王	*Zygophyllum xanthoxylum*	蒺藜科	2.9545	IV
55	长柄扁桃	*Amygdalus pedunculata*	蔷薇科	2.9372	IV
56	甘肃海棠	*Malus kansuensis*	蔷薇科	2.9351	IV
57	黄檗	*Phellodendron amurense*	芸香科	2.9338	IV
58	纤齿卫矛	*Euonymus giraldii*	卫矛科	2.9294	IV
59	山杏	*Armeniaca sibirica*	蔷薇科	2.9232	IV
60	沙梾	*Swida bretschneideri*	山茱萸科	2.9211	IV
61	白刺花	*Sophora davidii*	豆科	2.9183	IV
62	华山松	*Pinus armandii*	松科	2.9079	IV
63	甘青鼠李	*Rhamnus tangutica*	鼠李科	2.9026	IV
64	华北落叶松	*Larix principis-rupprechtii*	松科	2.8634	IV
65	细裂槭	*Acer stenolobum*	槭树科	2.8612	IV
66	柠条锦鸡儿	*Caragana korshinskii*	豆科	2.8151	IV
67	杜梨	*Pyrus betulaefolia*	蔷薇科	2.7995	IV
68	文冠果	*Xanthoceras sorbifolia*	无患子科	2.7806	IV
69	少脉椴	*Tilia paucicostata*	椴树科	2.7800	IV
70	花叶海棠	*Malus transitoria*	蔷薇科	2.7466	IV
71	胡桃	*Juglans regia*	胡桃科	2.7358	IV
72	旱榆	*Ulmus glaucescens*	榆科	2.7070	IV
73	柳叶鼠李	*Rhamnus erythroxylon*	鼠李科	2.6359	V
74	灌木铁线莲	*Clematis fruticosa*	毛茛科	2.6189	V
75	黄瑞香	*Daphne giraldii*	瑞香科	2.6107	V
76	膀胱果	*Staphylea holocarpa*	省沽油科	2.6082	V
77	松叶猪毛菜	*Salsola laricifolia*	藜科	2.5953	V
78	陕西卫矛	*Euonymus schensianus*	卫矛科	2.4883	V
79	雪柳	*Fontanesia fortunei*	木犀科	2.4676	V
80	胶东卫矛	*Euonymus kiautschovicus*	卫矛科	2.4413	V
81	毛榛	*Corylus mandshurica*	桦木科	2.4302	V
82	虎榛子	*Ostryopsis davidiana*	桦木科	2.3801	V
83	小叶朴	*Celtis bungeana*	榆科	2.2888	V
84	花椒	*Zanthoxylum bungeanum*	芸香科	2.1151	V
85	水曲柳	*Fraxinus mandshurica*	木犀科	1.8281	V

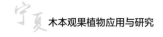

2.3 结果与分析

（1）综合得分及排序

通过采用层次分析法对 85 种宁夏木本观果植物进行定性与定量相结合的分析评价，由表2-2可以看出，85种宁夏木本观果植物中：等级Ⅰ共有19种植物，占总数22.35%，等级Ⅱ共有18种植物，占总数21.18%；等级Ⅲ共14种植物，占总数16.47%；等级Ⅳ共21种植物，占总数24.71%；等级Ⅴ共13种植物，占总数15.29%。从得分及等级排序可以看出，果实的颜色和果最佳观赏期是人们选择观果植物的首要因素。在得分较高的Ⅰ、Ⅱ级植物中，绝大多数植物的果实为红色系且果最佳观赏期较长，因为这类果实颜色鲜艳能与绿色叶子形成鲜明对比，果最佳观赏期的延长会使景观季也随之延长，更容易吸引人们的注意，故也决定着它的高权重性。

（2）筛选出具有较高观赏价值的木本观果植物进行合理开发与利用

等级Ⅰ的19种宁夏木本观果植物中乡土植物高达13种，占总数68.42%，分别是欧李、葱皮忍冬、毛樱桃、岩生忍冬、短柄稠李、甘肃山楂、西北枸子、山里红、陕甘花楸、金花忍冬、蕤核等。

引种植物有6种，占总数31.58%，分别是'印第安魔力'海棠、西部沙樱、腺齿蔷薇、平枝枸子、鞑靼忍冬、长白忍冬。

除此之外，等级Ⅱ中的18种观果植物同样具有较高的观赏和应用价值，如天目琼花、红雪果、白雪果、西南樱桃、黑刺李等。可见宁夏地区未广泛应用的观果植物中，果实具有观赏价值的植物资源较为丰富，具有较大的观赏价值。所以推荐结合实地情况对等级Ⅰ、Ⅱ类植物进行合理的开发与推广，与已经广泛应用于城市园林景观的其他植物一样，相互配合、改善丰富城市园林植物景观的多样性。

参考文献

[1]李丰.武汉市主要公园绿地秋冬季观赏植物资源调查与评价[D].华中农业大学,2013.

[2]徐明.杭州观果植物的应用研究[D].浙江农林大学,2014.

[3]王月清.秦巴山区主要野生植物调查与观赏性评价[D].西北农林科技大学,2013.

[4]蔡殷知.观赏植物评价方法研究及评价模型应用[D].江西农业大学,2013.

[5]马德滋,刘惠兰,胡福秀.宁夏植物志（第二版）[M].宁夏人民出版社,2007.

[6]梁旭,丁建军,曹宁.宁夏自然灾害综合分区及多尺度特征分析[J].干旱区资源与环境,2011, 25(04):62-68.

[7]牛宏,刘婧,曹兵.银川地区城市园林绿化树种调查分析[A].中国风景园林学会.中国风景园林学会 2014年会论文集（下册）[C].中国风景园林学会,2014:4.

[8]牛宏.银川市园林绿化树种调查与规划[D].宁夏大学,2015.

[9]张克,郁东宁.宁夏野生花卉及观赏树木资源调查及利用[J].北京农学院学报,2002, 01:18-21.

[10]曹弘哲.宁夏野生观赏树木资源的开发利用[J].中国园林,1998, 04:29-30.

[11]宋丽华,吴忠梅.银川市城市绿化树种调查与分析[J].宁夏农学院学报,1999, 03:55-60.

[12]周全良.宁夏野生木本植物名录(一)[J].宁夏林业通讯,2010, 01:36-41.

[13]周全良.宁夏野生木本植物名录(二)[J].宁夏林业通讯,2010, 03:36-41.

[14]周全良.宁夏野生木本植物名录(三)[J].宁夏林业通讯,2013, 01:28-32.

[15]周全良.宁夏野生木本植物名录(四)[J].宁夏林业通讯,2013, 03:29-33.

[16]周全良.宁夏野生木本植物名录(五)[J].宁夏林业通讯,2014, 02:34-38.

[17]周全良.宁夏野生木本植物名录(六)[J].宁夏林业通讯,2014, 03:29-33.

[18]周全良.宁夏野生木本植物名录(七)[J].宁夏林业通讯,2015, 02:36-40.

[19]周全良.宁夏野生木本植物名录(八)[J].宁夏林业通讯,2015, 04:39-42.

[20]周全良,马德滋.宁夏主要野生木本观果植物资源名录[J].宁夏林业通讯,2007, 03:27-33.

[21]FRPS《中国植物志》.[DB/OL].http://frps.eflora.cn/,2004/2016-4-1

[22]许树柏.层次分析法原理[M].天津:天津大学出版社,1988.

[23]王建文.福建野生观赏植物资源评价及多样性研究[D].福建农林大学,2005.

[24]张佳平.连云港云台山野生观赏植物调查、评价及应用研究[D].南京林业大学,2011.

[25]杜广明,沈向群,杨智明.基于AHP的辉河国家级自然保护区野生植物资源观赏价值评价[J].北方园艺, 2011(06):94-99.

[26]刘孟霞,张延龙,牛立新等.运用层次-关联分析法综合评价加拿大引种草本花卉[J].西北农业学报, 2009, 18(4):261-266.

[27]Byrd Warren. A centery of Planting Design[J]. Landscape Architecture, 1999, (01):92-119.

[28]毛志滨,郝日明.观果树种配植与城市鸟类生物多样性保护[J].江苏林业科技,2005, 32（01）:11-13.

[29]黄毅斌,赵永强.海棠在园林中的应用[J].热带农业工程,2009, 33(2):33-36.

[30]林娜,姜卫兵,翁忙玲.海棠树种资源的园林特性及其开发利用[J].园艺园林科学,2006, 22（10）:242-247.

[31]姜永峰,唐世勇,邢英丽,等.北美海棠品种及在北方园林景观中的应用[J].农业科技建筑,2014, 277-278.

[32]马永旭,李海峰,桑景拴.论观果植物在城市绿化中的应用[J].林业建设,2011, 5:32-34.

第三部分 附表

附表一 宁夏木本观果植物主要资源名录

序号	植物名称	拉丁名	果实类型	颜色	最佳观果期	植物形态	应用现状	引种情况
1	银杏	*Ginkgo biloba*	白果	淡黄色	9~11月	大乔木	园林	引进
2	草麻黄	*Ephedra sinica*	肉质苞片	红色	7~8月	小灌木	野生	
3	中麻黄	*Ephedra intermedia*	肉质苞片	红色	7~8月	小灌木	野生	
4	膜果麻黄	*Ephedra przewalskii*	肉质苞片	红色	6~7月	灌木	野生	
5	斑子麻黄	*Ephedra rhytidosperma*	肉质苞片	淡黄色	7~8月	垫状灌木	野生	
6	木贼麻黄	*Ephedra equisetina*	肉质苞片	红色	8~9月	小灌木	野生	
7	杜松	*Juniperus rigida*	球果	蓝绿色	5~10月	乔木	园林	
8	圆柏	*Sabina chinensis*	球果	蓝绿色	5~10月	常绿乔木	园林	
9	侧柏	*Platycladus orientails*	球果	蓝绿色	5~9月	常绿乔木	园林	
10	华山松	*Pinus armandii*	球果	深绿色	7~11月	常绿乔木	野生	
11	油松	*Pinus tabulaeformis*	球果	绿色渐变褐色	1~12月	常绿乔木	园林	
12	樟子松	*Pinus sylvestris* var. *mongolica*	球果	黄绿色	1~12月	常绿乔木	园林	
13	华北落叶松	*Larix principis-rupprechtii*	球果	黄绿色	6~8月	乔木	野生	
14	青海云杉	*Picea crassifolia*	球果	蓝绿色	4~10月	常绿乔木	园林	
15	胡桃	*Juglans regia*	核果	绿色	7~9月	乔木	经济	
16	野胡桃	*Juglans cathayensis*	核果	绿色	9~10月	乔木	野生	
17	枫杨	*Pterocarya stenoptera*	翅果	绿色	7~9月	乔木	园林	引进
18	榛	*Corylus heterophylla*	坚果	绿色至浅褐色	10月	灌木	野生	
19	川榛	*Corylus heterophylla* var. *sutchunensis*	坚果	绿色至褐色	9~10月	灌木	野生	
20	毛榛	*Corylus mandshurica*	坚果	绿色至褐色	9~10月	灌木	野生	
21	鹅耳枥	*Carpinus turczaninowii*	坚果	绿色至褐色	9~10月	乔木	野生	
22	虎榛子	*Ostryopsis davidiana*	坚果	深褐色	7~8月	灌木	野生	
23	辽东栎	*Quercus wutaishanica*	坚果	绿色至褐色	8~10月	乔木	野生	
24	夏橡	*Quercus robur*	坚果	棕色	8~10月	乔木	园林	引进
25	旱榆	*Ulmus glaucescens*	翅果	绿色	3~5月	乔木	野生	
26	榆	*Ulmus pumila*	翅果	黄绿色	3~4月	乔木	园林	
27	小叶朴	*Celtis bungeana*	核果	紫黑色	8~11月	乔木	园林	引进
28	无花果	*Ficus carica*	隐花果	淡红色	6~7月	常绿小乔木	经济	引进
29	桑树	*Morus alba*	聚花果	红色至紫黑色	5~6月	乔木	经济	
30	龙桑	*Morus alba* 'Pendula'	聚花果	红色至紫黑色	5~6月	乔木	园林	

（续）

序号	植物名称	拉丁名	果实类型	颜色	最佳观果期	植物形态	应用现状	引种情况
31	乔木沙拐枣	*Calligonum arborescens*	瘦果	红褐色	5~6月	灌木	野生	
32	头状沙拐枣	*Calligonum caput-medusae*	瘦果	红褐色	5~6月	灌木	野生	
33	新疆沙拐枣	*Calligonum klementzii*	瘦果	红色	6~7月	灌木	野生	
34	白皮沙拐枣	*Calligonum leucocladum*	瘦果	黄褐色	6~8月	灌木	野生	
35	沙拐枣	*Calligonum mongolicum*	瘦果	红色	5~9月	灌木	野生	
36	红皮沙拐枣	*Calligonum rubicundum*	瘦果	红褐色	6~8月	灌木	野生	
37	松叶猪毛菜	*Salsola laricifolia*	胞果	黄褐色	8~9月	小灌木	野生	
38	木本猪毛菜	*Salsola arbuscula*	胞果	黄褐色	9~10月	小灌木	野生	
39	四翅滨藜	*Atriplex canescens*	胞果	灰绿色	7~9月	常绿灌木	盐碱地改良	引进
40	灌木铁线莲	*Clematis fruticosa*	瘦果	灰白色	8~11月	直立小灌木	野生	
41	灰叶铁线莲	*Clematis canescens*	瘦果	灰白色	8~11月	直立小灌木	野生	
42	西伯利亚小檗	*Berberis sibirica*	浆果	红色	8~10月	灌木	野生	
43	康定小檗	*Berberis kangdingensis*	浆果	红色	10~11月	灌木	野生	
44	陕西小檗	*Berberis shensiana*	浆果	红色	7~9月	灌木	野生	
45	秦岭小檗	*Berberis circumserrata*	浆果	红色	7~9月	灌木	野生	
46	松潘小檗	*Berberis dictyoneura*	浆果	淡红色	7~9月	灌木	野生	
47	置疑小檗	*Berberis dubia*	浆果	红色	8~9月	灌木	野生	
48	首阳小檗	*Berberis dielsiana*	浆果	红色	8~9月	灌木	野生	
49	鄂尔多斯小檗	*Berberis carili*	浆果	鲜红色	9~10月	灌木	野生	
50	直穗小檗	*Berberis dasystachya*	浆果	红色	6~9月	灌木	野生	
51	黄芦木	*Berberis amurensis*	浆果	红色	8~10月	灌木	野生	
52	毛脉小檗	*Berberis giraldii*	浆果	红色	6~8月	灌木	野生	
53	甘肃小檗	*Berberis kansuensis*	浆果	红色	7~8月	灌木	野生	
54	短柄小檗	*Berberis brachypoda*	浆果	鲜红色	7~9月	灌木	野生	
55	匙叶小檗	*Berberis vernae*	浆果	淡红色	8~9月	灌木	未应用	引进
56	红叶小檗	*Berberis thunbergii* var. *rubrifolia*	浆果	红色	8~10月	灌木	园林	引进
57	金叶小檗	*Berberis thunbergii* 'Aurea'	浆果	红色	9~10月	灌木	园林	引进
58	细叶小檗	*Berberis poiretii*	浆果	红色	7~9月	灌木	未应用	引进
59	北五味子	*Schisandra chinensis*	聚合果	深红色	8~9月	灌木	野生	
60	木姜子	*Litsea pungens*	浆果	蓝黑色	7~8月	灌木	野生	
61	小叶茶藨子	*Ribes pulchellum*	浆果	红色	8~9月	灌木	野生	
62	香茶藨子	*Ribes odoratum*	浆果	紫红色	8~10月	灌木	园林	引进
63	大刺茶藨子	*Ribes alpestre* var. *giganteum*	浆果	紫红色	6~9月	灌木	野生	
64	细枝茶藨子	*Ribes tenue*	浆果	暗红色	8~9月	灌木	野生	
65	尖叶茶藨子	*Ribes maximowiczianum*	浆果	红色	8~9月	灌木	野生	
66	冰川茶藨子	*Ribes glaciale*	浆果	红色	7~9月	灌木	野生	
67	双刺茶藨子	*Ribes diacanthum*	浆果	红色或红黑色	8~9月	灌木	野生	

（续）

序号	植物名称	拉丁名	果实类型	颜色	最佳观果期	植物形态	应用现状	引种情况
68	穆坪茶藨子	*Ribes moupinense*	浆果	黑色	7~8月	灌木	野生	
69	糖茶藨子	*Ribes emodense*	浆果	红色至紫黑色	7~8月	灌木	野生	
70	瘤果糖茶藨子	*Ribes emodense* var. *verruculosum*	浆果	红色	7~8月	灌木	野生	
71	无刺高山茶藨子	*Ribes alpestre*	浆果	紫红色	6~9月	灌木	野生	
72	狭果茶藨子	*Ribes stenocarpum*	浆果	红色	7~8月	灌木	野生	
73	刺果茶藨子	*Ribes burejense*	浆果	暗红黑色	7~8月	灌木	野生	
74	二球悬铃木	*Platanus acerifolia*	聚合果	黄色	9~10月	灌木	园林	引进
75	灰栒子	*Cotoneaster acutifolius*	梨果	紫红色	8~10月	灌木	野生	
76	密毛灰栒子	*Cotoneaster acutifolius* var. *villosulus*	梨果	紫红色	8~10月	灌木	野生	
77	平枝栒子	*Cotoneaster horizontalis*	梨果	鲜红色	9~10月	灌木	园林	引进
78	水栒子	*Cotoneaster mulxifloms*	梨果	红色	7~8月	灌木	野生	
79	大果水栒子	*Cotoneaster mulxifloms* var. *calocarpus*	梨果	红色	7~8月	灌木	野生	
80	毛叶水栒子	*Cotoneaster submultiflorus*	梨果	亮红色	9月	灌木	野生	
81	细枝栒子	*Cotoneaster tenuipes*	梨果	紫黑色	9~10月	灌木	野生	
82	西北栒子	*Cotoneaster zabelii*	梨果	鲜红色	8~10月	灌木	野生	
83	钝叶栒子	*Cotoneaster hebephyllus*	梨果	暗红色	8~9月	灌木	野生	
84	尖叶栒子	*Cotoneaster acuminatus*	梨果	红色	9~10月	灌木	野生	
85	匍匐栒子	*Cotoneaster adpressus*	梨果	鲜红色	8~9月	匍匐灌木	野生	
86	准噶尔栒子	*Cotoneaster soongoricus*	梨果	红色	9~10月	灌木	野生	
87	华中栒子	*Cotoneaster silvestrii*	梨果	红色	9月	灌木	野生	
88	川康栒子	*Cotoneaster ambiguus*	梨果	紫黑色	9~10月	灌木	野生	
89	黑果栒子	*Cotoneaster melanocarpus*	梨果	蓝黑色	8~9月	灌木	野生	
90	全缘栒子	*Cotoneaster integerrimus*	梨果	红色	8~9月	灌木	野生	
91	细弱栒子	*Cotoneaster gracilis*	梨果	红色	8~9月	灌木	野生	
92	火棘	*Pyracantha fortuneana*	梨果	橘色或深红色	8~11月	常绿灌木	园林	引进
93	山楂	*Crataegus pinnatifida*	梨果	深红色	9~10月	小乔木	经济	
94	山里红	*Crataegus pinnatifida* var. *major*	梨果	深红色	8~10月	小乔木	经济	
95	毛山楂	*Crataegus maximowiczii*	梨果	红色	9~10月	灌木	野生	
96	甘肃山楂	*Crataegus kansuensis*	梨果	深红色	8~11月	小乔木	野生	
97	北京花楸	*Sorbus discolor*	梨果	白色	8~9月	乔木	野生	
98	湖北花楸	*Sorbus hupehensis*	梨果	白色	7~8月	乔木	野生	
99	陕甘花楸	*Sorbus koehneana*	梨果	白色	9~11月	灌木	野生	
100	贴梗海棠	*Chaenomeles speciosa*	梨果	黄绿色	8~9月	灌木	园林	引进
101	秋子梨	*Pyrus ussuriensis*	梨果	黄色	9~10月	乔木	经济	
102	新疆梨	*Pyrus sinkiangensis*	梨果	黄绿色	9~10月	乔木	经济	
103	洋梨	*Pyrus communis* var. *sativa*	梨果	黄色	9~10月	乔木	经济	
104	木梨	*Pyrus xerophila*	梨果	褐色	6~7月	乔木	野生	

（续）

序号	植物名称	拉丁名	果实类型	颜色	最佳观果期	植物形态	应用现状	引种情况
105	白梨	*Pyrus bretschneideri*	梨果	黄色	9~10月	灌木	经济	
106	沙梨	*Pyrus pyrifolia*	梨果	浅褐色	9~10月	乔木	经济	
107	杜梨	*Pyrus betulaefolia*	梨果	棕褐色	7~11月	乔木	野生	
108	褐梨	*Pyrus phaeocarpa*	梨果	褐色	8~10月	乔木	经济	
109	苹果	*Malus pumila*	梨果	红色、黄色和绿色	7~11月	乔木	经济	
110	山荆子	*Malus baccta*	梨果	红色或黄色	9~10月	乔木	野生	
111	毛山荆子	*Malus manshurica*	梨果	红色	9~10月	乔木	野生	
112	海棠	*Malus spectablilis*	梨果	黄色	8~9月	小乔木	园林	引进
113	花红	*Malus asiatica*	梨果	黄红色	9~10月	小乔木	经济	引进
114	甘肃海棠	*Malus kansuensis*	梨果	黄红色	7~9月	小乔木	野生	
115	光叶甘肃海棠	*Malus kansuensis* f. *calva*	梨果	红色	7~8月	小乔木	野生	
116	花叶海棠	*Malus transitoria*	梨果	红色	9月	小乔木	野生	
117	垂丝海棠	*Malus halliana*	梨果	暗红色	9~10月	小乔木	园林	引进
118	西府海棠	*Malus micromalus*	梨果	黄绿色	8~9月	小乔木	园林	引进
119	河南海棠	*Malus honanensis*	梨果	黄红色	8~9月	小乔木	园林	引进
120	'宝石'海棠	*Malus* 'Jewlberry'	梨果	亮红色	8~9月	小乔木	园林	引进
121	'钻石'海棠	*Malus* 'Sparkle'	梨果	亮红色	6~12月	小乔木	园林	引进
122	'路易萨'海棠	*Malus* 'Louisa'	梨果	红色	6~9月	小乔木	园林	引进
123	'霍巴'海棠	*Malus* 'Hopa'	梨果	红色	6~8月	小乔木	园林	引进
124	'红玉'海棠	*Malus* 'Red Jade'	梨果	亮红色	6~12月	灌木	园林	引进
125	'道格'海棠	*Malus* 'Dolgo'	梨果	暗红色	8~9月	乔木	园林	引进
126	'凯尔斯'海棠	*Malus* 'Kelsey'	梨果	暗红色	8~9月	小乔木	园林	引进
127	'草莓果冻'海棠	*Malus* 'Strawberry Parfait'	梨果	黄红色	5~12月	乔木	园林	引进
128	'绚丽'海棠	*Malus* 'Radiant'	梨果	鲜红色	6~12月	小乔木	园林	引进
129	'王族'海棠	*Malus* 'Royalty'	梨果	黑红色	8~9月	乔木	园林	引进
130	'火焰'海棠	*Malus* 'Flame'	梨果	深红色	7~9月	小乔木	园林	引进
131	'印第安魔力'海棠	*Malus* 'India Magic'	梨果	橘黄色	6~12月	小乔木	园林	引进
132	'高原之火'海棠	*Malus* 'Prairifire'	梨果	暗红色	6~12月	乔木	园林	引进
133	'粉芽'海棠	*Malus* 'Pink Spire'	梨果	紫红色	6~8月	小乔木	园林	引进
134	峨眉蔷薇	*Rosa omeiensis*	蔷薇果	鲜红色	7~9月	灌木	野生	
135	翅刺峨眉蔷薇	*Rosa omeiensis* f. *pteracantha*	蔷薇果	鲜红色	7~9月	灌木	野生	
136	秦岭蔷薇	*Rosa tsinglingensis*	蔷薇果	红褐色	8~9月	灌木	野生	

（续）

序号	植物名称	拉丁名	果实类型	颜色	最佳观果期	植物形态	应用现状	引种情况
137	黄蔷薇	*Rosa hugonis*	蔷薇果	深红色	7~8月	灌木	野生	
138	黄刺玫	*Rosa xanthina*	蔷薇果	红色	7~8月	灌木	园林	
139	单瓣黄刺玫（变型）	*Rosa xanthina* f. *normalis*	蔷薇果	红色	7~8月	灌木	园林	
140	刺玫蔷薇	*Rosa davurica*	蔷薇果	红色	7~8月	灌木	野生	
141	刺蔷薇	*Rosa acicularis*	蔷薇果	红色	6~7月	灌木	野生	
142	刺梗蔷薇	*Rosa setipoda*	蔷薇果	红色	8~10月	灌木	野生	
143	西北蔷薇	*Rosa davidii*	蔷薇果	深红色	9月	灌木	野生	
144	美蔷薇	*Rosa bella*	蔷薇果	深红色	8~10月	灌木	野生	
145	钝叶蔷薇	*Rosa sertata*	蔷薇果	深红色	8~10月	灌木	野生	
146	刺萼钝叶蔷薇	*Rosa sertata* f. *setissepalosa*	蔷薇果	红色	7~9月	灌木	野生	
147	扁刺蔷薇	*Rosa sweginzowii*	蔷薇果	紫色	8~11月	灌木	野生	
148	华西蔷薇	*Rosa moyesii*	蔷薇果	紫红色	8~10月	灌木	野生	
149	腺齿蔷薇	*Rosa albertii*	蔷薇果	橙红色	8~11月	灌木	园林	引进
150	陕西蔷薇	*Rosa giraldii*	蔷薇果	暗红色	7~10月	灌木	野生	
151	伞房蔷薇	*Rosa corymbulosa*	蔷薇果	暗红色	8~10月	小灌木	野生	
152	美丽悬钩子	*Rubus amabilis*	聚合果	红色	7~8月	小灌木	野生	
153	刺悬钩子	*Rubus pungens*	聚合果	红色	7~8月	蔓性小灌木	野生	
154	菰帽悬钩子	*Rubus pileatus*	聚合果	红色	8~9月	蔓性小灌木	野生	
155	覆盆子	*Rubus coreanus*	聚合果	紫黑色	6~8月	小灌木	野生	
156	库页悬钩子	*Rubus sachalinensis*	聚合果	红色	8~9月	灌木	野生	
157	喜阴悬钩子	*Rubus mesogaeus*	聚合果	紫黑色	7~8月	攀援灌木	野生	
158	茅莓	*Rubus parvifolius*	聚合果	红色	7~8月	小灌木	野生	
159	腺花茅莓	*Rubus mesogaeus* var. *adenochlamys*	聚合果	红色	7~8月	小灌木	野生	
160	多腺悬钩子	*Rubus phoenicolasius*	聚合果	红色	7~8月	灌木	野生	
161	锐齿臭樱	*Maddenia incisoserrata*	核果	紫黑色	6月	灌木	野生	
162	蕤核	*Prinsepia uniflora*	核果	暗紫红色	7~8月	灌木	野生	
163	蒙古扁桃	*Amygdalus mongolica*	核果	暗紫红色	8月	灌木	野生	
164	榆叶梅	*Amygdalus triloba*	核果	红色	5~7月	灌木	园林	引进
165	长柄扁桃	*Amygdalus pedunculata*	核果	暗紫红色	7~8月	灌木	野生	
166	桃	*Amygdalus persica*	核果	橙黄色	7~9月	乔木	经济	
167	山桃	*Amygdalus davidiana*	核果	灰绿色	7~8月	乔木	园林	
168	西康扁桃	*Amygdalus tangutica*	核果	紫红色	6~7月	灌木	经济	引进
169	碧桃	*Amygdalus persica* var. *persica* f. *duplex*	核果	橙黄色	5~8月	乔木	园林	引进
170	紫叶碧桃	*Amygdalus persica* var. *persica* f. *atropurpurea*	核果	灰绿色	7~9月	小乔木	园林	引进
171	杏	*Armeniaca vulgaris*	核果	黄色	6~7月	乔木	经济	
172	野杏	*Armeniaca vulgaris* var. *ansu*	核果	红色	6~7月	乔木	野生	
173	山杏	*Armeniaca sibirica*	核果	黄色	7~8月	乔木	野生	

（续）

序号	植物名称	拉丁名	果实类型	颜色	最佳观果期	植物形态	应用现状	引种情况
174	李	*Prunus salicina*	核果	黑紫色	7~8月	乔木	经济	
175	黑刺李	*Prunus spinosa*	核果	蓝色	7~12月	小乔木	未应用	引进
176	樱桃李	*Prunus cerasifera*	核果	紫黑色	8月	小乔木	未应用	引进
177	紫叶李	*Prunus cerasifera* var. *atropurpyrea*	核果	棕红色	7~8月	小乔木	园林	引进
178	美人梅	*Prunus* × *blireana* 'Meiren'	核果	紫红色	7~8月	小乔木	园林	引进
179	紫叶矮樱	*Prunus* × *cistena*	核果	紫红色	7~8月	灌木	园林	引进
180	刺毛樱桃	*Cerasus setulosa*	核果	红色	6~7月	灌木	野生	
181	西南樱桃	*Cerasus duclouxii*	核果	红色	5月	灌木	野生	
182	盘腺樱桃	*Cerasus szechuanica*	核果	紫红色	6~7月	灌木	野生	
183	毛叶欧李	*Cerasus distyoneura*	核果	红色	7~8月	灌木	野生	
184	毛樱桃	*Cerasus tomentosa*	核果	深红色	6~9月	灌木	野生	
185	欧李	*Cerasus humilis*	核果	鲜红色	6~10月	灌木	经济	
186	西部沙樱	*Cerasus pumila* var. *besseyi*	核果	红色	7~9月	灌木	园林	引进
187	短柄稠李	*Padus brachypoda*	核果	红褐色	7~8月	小乔木	野生	
188	稠李（变种）	*Padus racemosa* var. *pubescens*	核果	红褐色至黑色	5~9月	乔木	园林	
189	北美稠李	*Padus virginiana*	核果	紫黑色	7~8月	乔木	园林	引进
190	皂荚	*Gleditsia sinensis*	荚果	棕褐色	5~12月	乔木	园林	引进
191	紫荆	*Cercis chinensis*	荚果	棕褐色	8~10月	灌木	园林	引进
192	槐树	*Sophora japonica*	荚果	淡黄绿色	8~10月	乔木	园林	引进
193	白刺花	*Sophora davidii*	荚果	淡黄绿色	8~9月	灌木	野生	
194	沙冬青	*Ammopiptanthus mongolicus*	荚果	淡黄绿色	5~6月	常绿灌木	野生	
195	紫穗槐	*Amorpha fruticosa*	荚果	棕褐色	7~9月	灌木	园林	引进
196	刺槐	*Robinia pseudoacacia*	荚果	棕褐色	8~9月	乔木	园林	引进
197	紫藤	*Wisteria sinensis*	荚果	淡黄绿色	7~11月	落叶藤本	园林	引进
198	盐豆木	*Halimodendron holodendron*	荚果	棕褐色	5~7月	灌木	野生	
199	柠条锦鸡儿	*Caragana korshinskii*	荚果	红褐色	6~8月	灌木	野生	
200	中间锦鸡儿	*Caragana intermedia*	荚果	淡黄绿色	6~8月	灌木	野生	
201	树锦鸡儿	*Caragana arborescens*	荚果	淡黄绿色	8~9月	大灌木	未应用	引进
202	小果白刺	*Nitraria sibirica*	核果	暗红色	7~8月	灌木	野生	
203	白刺	*Nitraria tangutorum*	核果	深红色	7~8月	灌木	野生	
204	大白刺	*Nitraria roborowskii*	核果	红色	7~8月	灌木	野生	
205	霸王	*Zygophyllum xanthoxylum*	蒴果	黄绿色	5~9月	灌木	野生	
206	花椒	*Zanthoxylum bungeanum*	蓇葖果	紫红色	7~10月	灌木	经济	引进
207	黄檗	*Phellodendron amurense*	核果	淡绿色至黑色	9~11月	小乔木	未应用	引进
208	臭椿	*Ailanthus altissima*	翅果	黄绿色；紫红色	8~10月	乔木	园林	
209	火炬树	*Rhus typhina*	核果	深红色	8~次年2月	乔木	园林	引进
210	青麸杨	*Rhus potaninii*	核果	深红色	8~9月	乔木	野生	
211	漆树	*Toxicodendron vernicifluum*	核果	黄绿色	9~10月	乔木	野生	
212	矮卫矛	*Euonymus nanus*	蒴果	紫红色	6~8月	矮小灌木	野生	

（续）

序号	植物名称	拉丁名	果实类型	颜色	最佳观果期	植物形态	应用现状	引种情况
213	卫矛	*Euonymus alata*	蒴果	红色	7~10月	灌木	野生	
214	疣点卫矛	*Euonymus verrucosoides*	蒴果	红色	7~8月	灌木	野生	
215	栓翅卫矛	*Euonymus phellomanus*	蒴果	红色	7~10月	灌木	野生	
216	丝棉木	*Euonymus maackii*	蒴果	红色	9~11月	小乔木	园林	
217	少花卫矛	*Euonymus verrucosus* var. *chinensis*	蒴果	红色	8~9月	灌木	野生	
218	八宝茶	*Euonymus przewalskii*	蒴果	红色	8~9月	灌木	野生	
219	石枣子	*Euonymus sanguineus*	蒴果	红色	7~9月	灌木	野生	
220	短梗石枣子	*Euonymus sanguineus* var. *brevipedunculatus*	蒴果	红色	7~9月	灌木	野生	
221	紫花卫矛	*Euonymus prophyreus*	蒴果	紫红色	8~9月	灌木	野生	
222	陕西卫矛	*Euonymus schensianus*	蒴果	红色	7~11月	灌木	园林	
223	胶东卫矛	*Euonymus kiautschovicus*	蒴果	红色	9~12月	常绿灌木	园林	引进
224	纤齿卫矛	*Euonymus giraldii*	蒴果	红色	6~7月	灌木	野生	
225	狭翅纤齿卫矛	*Euonymus giraldii* var. *angustialatus*	蒴果	红色	6~7月	灌木	野生	
226	南蛇藤	*Celastrus orbiculatus*	蒴果	橘色	7~10月	落叶藤本	野生	
227	膀胱果	*Staphylea holocarpa*	蒴果	绿色至红色	8~9月	小乔木	野生	
228	茶条槭	*Acer ginnala*	翅果	浅红色	8~10月	小乔木	野生	
229	五角枫	*Acer mono*	翅果	淡黄色	9~10月	乔木	野生	
230	复叶槭	*Acer negundo*	翅果	黄绿色	6~9月	乔木	园林	
231	桦叶四蕊槭	*Acer tetramerum* var. *betulifolium*	翅果	黄绿色	7~9月	乔木	野生	
232	嵩坪四蕊槭	*Acer tetramerum* var. *haopingense*	翅果	黄绿色	7~9月	乔木	野生	
233	元宝枫	*Acer truncatum*	翅果	淡黄色	8月	乔木	园林	引进
234	三尾青皮槭	*Acer cappadocicum* var. *tricaudatum*	翅果	黄绿色	7~8月	乔木	野生	
235	太白深灰槭	*Acer caesium* subsp. *giraldii*	翅果	淡黄色	9月	乔木	野生	
236	多齿长尾槭	*Acer caudatum* var. *multiserratum*	翅果	淡黄褐色	8~9月	乔木	野生	
237	细裂槭	*Acer stenolobum*	翅果	淡黄色	9月	乔木	野生	
238	大叶细裂槭	*Acer stenolobum* var. *megalophyllum*	翅果	淡黄色	8~9月	乔木	野生	
239	青榨槭	*Acer davidii*	翅果	黄褐色	9月	乔木	野生	
240	五尖槭	*Acer maximowiczii*	翅果	紫红色	9月	小乔木	野生	
241	文冠果	*Xanthoceras sorbifolia*	蒴果	绿色	6~8月	小乔木	经济	
242	栾树	*Koelreuteria paniculata*	蒴果	黄绿色	8~10月	乔木	园林	引进
243	枣	*Ziziphus jujuba*	核果	深红色	8~10月	乔木	经济	
244	酸枣	*Ziziphus jujuba* var. *spinosa*	核果	红褐色	8~11月	小乔木	野生	
245	'灵武长枣'	*Ziziphus jujuba* 'Lingwu Changzao'	核果	深红色	9~10月	乔木	经济	
246	'中宁小枣'	*Ziziphus jujuba* 'Zhongning Xiaozao'	核果	深红色	9~10月	乔木	经济	
247	'同心圆枣'	*Ziziphus jujuba* 'Tongxin Yuanzao'	核果	深红色	9~10月	乔木	经济	

（续）

序号	植物名称	拉丁名	果实类型	颜色	最佳观果期	植物形态	应用现状	引种情况
248	小叶鼠李	*Rhamnus parvifolia*	核果	绿色至紫黑色	6~9月	灌木	野生	
249	钝叶鼠李	*Rhamnus maximovicziana*	核果	绿色至紫黑色	7~9月	灌木	野生	
250	圆叶鼠李	*Rhamnus globosa*	核果	绿色至紫黑色	7~8月	灌木	野生	
251	鼠李	*Rhamnus davurica*	核果	绿色至紫黑色	7~8月	灌木	野生	
252	甘青鼠李	*Rhamnus tangutica*	核果	绿色至紫黑色	7~9月	灌木	野生	
253	乌苏里鼠李	*Rhamnus ussuriensis*	核果	绿色至紫黑色	9月	灌木	野生	
254	高山冻绿	*Rhamnus utilis* var. *szechuanensis*	核果	紫黑色	7~9月	灌木	野生	
255	金刚鼠李	*Rhamnus diamantiaca*	核果	紫黑色	7~9月	灌木	野生	
256	柳叶鼠李	*Rhamnus erythroxylon*	核果	紫黑色	6~7月	灌木	野生	
257	少毛复叶葡萄	*Vitis piasezkii* var. *pagnuccii*	浆果	紫黑色	7~8月	藤本	野生	
258	榕叶葡萄（亚种）	*Vitis heyneana* subsp. *ficifolia*	浆果	紫黑色	8~9月	藤本	野生	
259	葡萄	*Vitis vinifera*	浆果	紫黑色或淡绿色	8~10月	藤本	经济	
260	乌头叶蛇葡萄	*Ampelopsis aconitifolia*	浆果	橘红色	8~9月	藤本	野生	
261	掌裂蛇葡萄	*Ampelopsis delavayana* var. *glabra*	浆果	橙黄色	9~11月	藤本	野生	
262	爬山虎	*Parthenocissus heterophylla*	浆果	蓝黑色	9~10月	藤本	园林	引进
263	五叶地锦	*Parthenocissus quinquefolia*	浆果	蓝黑色	9~11月	藤本	园林	引进
264	少脉椴	*Tilia paucicostata*	核果	黄绿色	7~8月	乔木	野生	
265	蒙椴	*Tilia mongolica*	核果	黄绿色	8~9月	乔木	野生	
266	华椴	*Tilia chinensis*	核果	灰绿色	8~10月	乔木	野生	
267	秃华椴	*Tilia chinensis* var. *investita*	核果	绿色	9~10月	乔木	野生	
268	亮绿椴	*Tilia laetevirens*	核果	绿色	9~10月	乔木	野生	
269	软枣猕猴桃	*Actinidia arguta*	浆果	绿黄色或紫红色	8~10月	藤本	经济	
270	四萼猕猴桃	*Actinidia tetramera*	浆果	橘黄色	8~10月	藤本	野生	
271	陕甘瑞香	*Daphne tangutica*	浆果	红色	8~9月	常绿灌木	野生	
272	黄瑞香	*Daphne giraldii*	浆果	红色	7~8月	灌木	野生	
273	沙枣	*Elaeagnus angustifolia*	坚果	黄绿色	9~10月	乔木	园林	
274	牛奶子	*Elaeagnus umbellata*	坚果	暗红色	8~10月	灌木	野生	
275	新疆大沙枣	*Elaeagnus moovcroftii*	坚果	粉红色	8~10月	乔木	园林	
276	银果胡颓子	*Elaeagnus magna*	坚果	粉红色	6月	灌木	未应用	引进
277	银水牛果	*Shepherdia argentea*	坚果	红色	7~8月	带刺灌木	未应用	引进
278	沙棘	*Hippophae rhamnoides*	坚果	橙黄色或橘红色	9~12月	灌木	经济	
279	红毛五加	*Eleutherococcus giraldii*	核果	紫黑色	7~8月	灌木	野生	
280	毛叶红毛五加	*Eleutherococcus giraldii* var. *pilosulus*	核果	紫黑色	7~8月	灌木	野生	

（续）

序号	植物名称	拉丁名	果实类型	颜色	最佳观果期	植物形态	应用现状	引种情况
281	毛梗红毛五加	*Eleutherococcus giraldii* var. *hispidus*	核果	紫黑色	7~8月	灌木	野生	
282	太白山五加	*Eleutherococcus stenophyllus*	核果	紫黑色	9~10月	灌木	野生	
283	宽叶太白五加	*Eleutherococcus stenophyllus* f. *dilatatus*	核果	紫黑色	9~10月	灌木	野生	
284	短柄五加	*Eleutherococcus brachypus*	核果	紫黑色	9~10月	灌木	野生	
285	倒卵叶五加	*Eleutherococcus obovatus*	核果	紫黑色	8~9月	灌木	野生	
286	蜀五加	*Eleutherococcus setchenensis*	核果	紫黑色	7~8月	灌木	野生	
287	藤五加	*Eleutherococcus leucorrhizus*	核果	紫黑色	8~9月	灌木	野生	
288	糙叶藤五加	*Eleutherococcus leucorrhizus* var. *fulvenscens*	核果	紫黑色	8~9月	灌木	野生	
289	辽东楤木	*Aralia elata*	浆果	暗红色	8~9月	灌木	野生	
290	红瑞木	*Swida alba*	核果	白色	7~9月	灌木	园林	引进
291	沙梾	*Swida bretschneideri*	核果	蓝黑色	7~9月	灌木	野生	
292	毛梾	*Swida walteri*	核果	蓝黑色	8~10月	乔木	野生	
293	梾木	*Swida macrophylla*	核果	绿色至蓝黑色	8~9月	乔木	野生	
294	山茱萸	*Cornus officinalis*	核果	红色至紫红色	9~10月	灌木	未应用	引进
295	白蜡	*Fraxinus chinensis*	翅果	淡黄色	7~9月	乔木	野生	
296	水曲柳	*Fraxinus mandshurica*	翅果	绿色	8~9月	乔木	园林	引进
297	洋白蜡	*Fraxinus pennsylvanica*	翅果	淡黄色	7~11月	乔木	园林	引进
298	雪柳	*Fontanesia fortunei*	翅果	黄棕色	9~10月	灌木	未应用	引进
299	连翘	*Forsythia suspensa*	蒴果	灰绿色	6~10月	灌木	园林	引进
300	暴马丁香	*Syringa reticulata* var. *mandshurica*	蒴果	淡黄色	8~11月	灌木	园林	
301	宁夏枸杞	*Lycium barbarum*	浆果	红色	6~10月	粗壮灌木	经济	
302	黄果枸杞	*Lycium barbarum* var. *auranticarpum*	浆果	淡黄色	5~9月	直立小灌木	经济	
303	中国枸杞	*Lycium chinense*	浆果	红色	6~10月	灌木	野生	
304	黑果枸杞	*Lycium ruthenicum*	浆果	紫黑色	5~10月	多棘刺灌木	经济	
305	楸树	*Catalpa bungei*	蒴果	深褐色	7~10月	小乔木	园林	引进
306	梓树	*Catalpa ovata*	蒴果	绿色渐变褐色	8~11月	乔木	园林	引进
307	葱皮忍冬	*Lonicera ferdinandii*	浆果	红色	8~10月	灌木	野生	
308	金银木	*Lonicera maackii*	浆果	红色	9~12月	灌木	园林	
309	粗毛忍冬	*Lonicera hispida*	浆果	红色	7~9月	灌木	野生	
310	金银花	*Lonicera japonica*	浆果	紫黑色	10~11月	攀援灌木	经济	引进
311	蓝靛果忍冬	*Lonicera caerulea*	浆果	蓝黑色	7~9月	灌木	野生	
312	金花忍冬	*Lonicera chrysantha*	浆果	红色	7~9月	灌木	野生	
313	岩生忍冬	*Lonicera rupicola*	浆果	红色	8~11月	灌木	野生	
314	陇塞忍冬	*Lonicera tangutica*	浆果	红色	7~8月	灌木	野生	
315	鞑靼忍冬	*Lonicera tartarica*	浆果	红色	6~8月	灌木	未应用	引进
316	长白忍冬	*Lonicera ruprechtiana*	浆果	橘红色	6~8月	灌木	未应用	引进

（续）

序号	植物名称	拉丁名	果实类型	颜色	最佳观果期	植物形态	应用现状	引种情况
317	冠果忍冬	*Lonicera stephanocarpa*	浆果	蓝黑色	9~10月	灌木	野生	
318	小叶忍冬	*Lonicera microphylla*	浆果	红色	7~9月	灌木	野生	
319	四川忍冬	*Lonicera szechuanica*	浆果	红色	6~7月	灌木	野生	
320	华西忍冬	*Lonicera webbiana*	浆果	先红后黑	8~9月	灌木	野生	
321	短梗忍冬	*Lonicera graebneri*	浆果	红色	8~9月	灌木	野生	
322	红脉忍冬	*Lonicera nervosa*	浆果	紫黑色	8~9月	灌木	野生	
323	北京忍冬	*Lonicera elisae*	浆果	红色	5~6月	灌木	野生	
324	毛药忍冬	*Lonicera serreana*	浆果	红色	7~8月	灌木	野生	
325	绣球荚蒾	*Viburnum macrocephalum*	核果	先红后黑	7~10月	半常绿灌木	未应用	引进
326	天目琼花	*Viburnum opulus* var. *calvescens*	核果	红色	8~10月	灌木	野生	
327	香荚蒾	*Viburnum farreri*	核果	红色	6~9月	灌木	园林	
328	荚蒾	*Viburnum dilatatum*	核果	红色	9~11月	灌木	野生	
329	桦叶荚蒾	*Viburnum betulifolium*	核果	红色	9~10月	灌木	野生	
330	蒙古荚蒾	*Viburnum mongolicum*	核果	红色	9~10月	灌木	野生	
331	接骨木	*Sambucus williamsii*	核果	紫黑色	8~10月	灌木	园林	
332	'金叶'接骨木	*Sambucus racemosa* 'Plumosa Aurea'	核果	红色	8~10月	灌木	园林	引进
333	红雪果	*Symphoricarpos orbiculatus* 'Red Snowberry'	核果	红色	9~12月	灌木	园林	引进
334	白雪果	*Symphoricarpus albus*	核果	白色	9~12月	直立灌木	园林	引进

注：园林应用中用途多样的按其主要用途进行统计，如，苹果、桑葚等。

附表二　宁夏主要木本观果植物果期果色对照表

编号	种	果期								
		1月—4月	5月	6月	7月	8月	9月	10月	11月	12月
1	西府海棠									
2	北美海棠			▓	▓	▓	█	█	█	█
3	垂丝海棠						▓	█		
4	山荆子						▓	█		
5	平枝栒子						▓			
6	水栒子				▓	█				
7	西北栒子				▓	█				
8	毛叶水栒子						▓			
9	稠李		▓	▓	▓	█	█			
10	北美稠李				▓	█				
11	山楂					█	█	█		
12	甘肃山楂				▓	█	█			
13	黄刺玫				▓					
14	腺齿蔷薇					▓	█			
15	李子					▓				
16	黑刺李					█	█	█	█	█
17	欧李			▓	▓	█	█	█		
18	西部沙樱			▓	█	█				
19	毛樱桃			▓	█	█				
20	西南樱桃		▓							
21	陕甘花楸									
22	贴梗海棠					▓				
23	山杏				▓					
24	白梨						▓			
25	金银木						█	█	█	█
26	鞑靼忍冬			▓	▓					
27	金花忍冬				▓	█				
28	葱皮忍冬				▓	█				
29	长白忍冬			▓	█					
30	蓝叶忍冬						█	█		
31	唐古特忍冬				▓					
32	小叶忍冬					▓				

附表二　宁夏主要木本观果植物果期果色对照表

编号	种	果期												
---	---	1月	2月	3月	4月	5月	6月	7月	8月	9月	10月	11月	12月
33	岩生忍冬												
34	香荚蒾												
35	鸡树条荚蒾												
36	球花荚蒾												
37	桦叶荚蒾												
38	接骨木												
39	白雪果												
40	胶东卫矛												
41	北海道黄杨												
42	陕西卫矛												
43	栓翅卫矛												
44	丝棉木												
45	火炬树												
46	文冠果												
47	中国枸杞												
48	荼条槭												
49	五角枫												
50	复叶槭												
51	红叶小檗												
52	枣												
53	尖叶茶藨子												
54	树锦鸡儿												
55	山皂荚												
56	沙棘												
57	银水牛果												
58	牛奶子												
59	沙枣												
60	新疆大沙枣												
61	洋白蜡												
62	胡桃												
63	梓树												
64	臭椿												
65	红果臭椿												

此图表颜色来源均为仿果实色